Wissenschaftliche Taschenbücher WTB

Mathematik · Physik

Einführung in die Maßtheorie

WTB

Wissenschaftliche Taschenbücher

Lieferbare Bände:

GÜNTHER WAGNER / HANS KÜHMSTEDT
Pharmazeutische Chemie

ROLF SCHÖLLNER
Die Oxylation organischer Verbindungen mit Sauerstoff

ULRICH BEHRENS / MANFRED RINGPFEIL
Mikrobielle Polysaccharide

MARTIN FINKE / WALTER LEIPNITZ
Moderne Methoden der Erdölanalyse

ERICH GUNDERMANN
Chemie und Technologie des Braunkohlenteers

GERHARD KEMPTER
Struktur und Synthese von Vitaminen

FRIEDRICH JACOB
Bewegungsphysiologie der Pflanzen

HELLMUTH GÄBLER
Forstschutz

ALFRED PALISSA
Bodenzoologie in Wissenschaft, Naturhaushalt und Wirtschaft

LUDWIG SPANNHOF
Zellen und Gewebe der Tiere

JOACHIM RIEMER
Quantitative organische Mikroanalyse

ALFRED FRIESER
Mikrowellenmeßtechnik

HANS-WERNER NOLTE
Pflanzenschutz in der Landwirtschaft

WERNER HABERDITZL
Magnetochemie

HARRY PAUL
Lasertheorie, Teil I und II

D. TER HAAR
Quantentheorie

J. H. SANDERS
Die Lichtgeschwindigkeit

JEAN KUNTZMANN
Unendliche Reihen

JEAN KUNTZMANN
Systeme von Differentialgleichungen

JEAN KUNTZMANN
Komplexe Veränderliche

FERDINAND CAP
Einführung in die Plasmaphysik
I. Theoretische Grundlagen

FERDINAND CAP
Einführung in die Plasmaphysik
II. Wellen und Instabilität

FERDINAND CAP
Einführung in die Plasmaphysik
III. Magnetohydrodynamik

J. A. ROSANOW
Wahrscheinlichkeitstheorie

HARRY PFEIFER
Theorie linearer Bauelemente
Elektronik für den Physiker I

HARRY PFEIFER
Die Elektronenröhre
Elektronik für den Physiker II

HARRY PFEIFER
Schaltungen mit Elektronenröhren
Elektronik für den Physiker III

HARRY PFEIFER
Leitungen und Antennen
Elektronik für den Physiker IV

HARRY PFEIFER
Mikrowellenelektronik
Elektronik für den Physiker V

HARRY PFEIFER
Halbleiterelektronik
Elektronik für den Physiker VI

STEPHEN G. BRUSH
Kinetische Theorie, Teil I und II

EBERHARD HOFMANN
Eiweiße und Nucleinsäuren als biologische Makromoleküle
Dynamische Biochemie, Teil I

EBERHARD HOFMANN
Enzyme und energieliefernde Stoffwechselreaktionen
Dynamische Biochemie, Teil II

EBERHARD HOFMANN
Intermediärstoffwechsel
Dynamische Biochemie, Teil III

EBERHARD HOFMANN
Grundlagen der Molekularbiologie
und Regulation des Zellstoffwechsels
Dynamische Biochemie, Teil IV

HERBERT GOERING
Elementare Methoden
zur Lösung von Differentialgleichungsproblemen

PETER KRUMBIEGEL
Isotopieeffekte

D. M. BRINK
Kernkräfte

DIETER ONKEN
Steroide

DIETER KLAUA
Elementare Axiome der Mengenlehre
Einführung in die Allgemeine Mengenlehre I

GÜNTER TEMBROCK
Grundlagen der Tierpsychologie

J. P. VINSON
Optische Kohärenz in der klassischen Theorie und in der Quantentheorie

W. R. HINDMARSH
Atomspektren

GÜNTER TEMBROCK
Biokommunikation
Informationsübertragung im biologischen Bereich
Teil I und II

DIETER MERKEL
Riechstoffe

JOHN CUNNINGHAM
Vektoren

ERNST SCHMUTZER
Symmetrien und Erhaltungssätze der Physik

GERHARD LERCH
Pflanzenökologie

MICHAEL GÖSSEL
Angewandte Automatentheorie, Band I

MICHAEL GÖSSEL
Angewandte Automatentheorie, Band II

HEINRICH KINDLER
Der Regelkreis

A. R. KESSEL
Akustische Kernresonanz

WOLFRAM BRAUER / HANS-WALDEMAR STREITWOLF
Theoretische Grundlagen der Halbleiterphysik

HARRY PAUL
Nichtlineare Optik, Teil I und II

DIETER KLAUA
Grundbegriffe der axiomatischen Mengenlehre
Teil 1 und 2
Einführung in die Allgemeine Mengenlehre II

E. G. GOLSTEIN
Konvexe Optimierung

EBERHARD TEUSCHER
Pharmakognosie, Teil I und II

SIEGFRIED HAUPTMANN
Über den Ablauf organisch-chemischer Reaktionen

A. S. SONIN / B. A. STRUKOW
Ferroelektrizität

L. A. SKORNJAKOW
Elemente der Verbandstheorie

HANS-MARTIN BARCHET
Chemie photographischer Prozesse

R. A. R. TRICKER
Frühe Elektrodynamik

N. D. SHEWANDROW
Polarisation des Lichtes

A. A. SMIRNOW
Metallphysik

VOLKER KEMPE
Theorie stochastischer Systeme

ROLF BORSDORF / MANFRED SCHOLZ
Spektroskopische Methoden in der organischen Chemie

KLAUS ODENING
Parasitismus

WOLFGANG PAULI
Vierpoltheorie
und ihre Anwendung auf elektrische Schaltungen

DIETER KLAUA
Kardinal- und Oridnalzahlen, Teil 1 und 2
Einführung in die Allgemeine Mengenlehre III

R. A. R. TRICKER
Die Beiträge von Faraday und Maxwell zur Elektrodynamik

HANS DAWCZYNSKI
Temperaturbeständige Faserstoffe aus organischen Polymeren

HANS DAWCZYNSKI
Temperaturbeständige Faserstoffe aus anorganischen Polymeren

HELMUT FRIEMEL / JOSEF BROCK
Grundlagen der Immunologie

HORST KEHLEN / FRANK KUSCHEL / HORST SACKMANN
Grundlagen der chemischen Kinetik

HANS BERGNER
Tierernährung

MARTIN SCHMIDT
Pflanzenschutz im Gartenbau

GERALD WOLF
Neurobiologie

ULRICH SEDLAG
Biologische Schädlingsbekämpfung

WOLFGANG WAGNER
Chemische Thermodynamik

HANNELORE FISCHER / JOACHIM PIEHLER
Modellsysteme der Operationsforschung

ALBERT EINSTEIN
Grundzüge der Relativitätstheorie

ALBERT EINSTEIN
Über die spezielle und die allgemeine Relativitätstheorie

SIEGFRIED BREHMER
Einführung in die Maßtheorie

Vorschau auf die nächsten Bände:

MICHAEL GÖSSEL
Wahrscheinlichkeitsautomaten und Zufallsfolgen

HANS-JÜRGEN TREDER
Elementare Kosmologie

P. PAUFLER / D. LEUSCHNER
Kristallographische Grundbegriffe der Festkörperphysik

PAUL HOFFMANN
Photosynthese

WOLFGANG MEILING
Kernphysikalische Elektronik

WTB

BAND 150

Siegfried Brehmer

Einführung in die Maßtheorie

Mit 16 Abbildungen

AKADEMIE-VERLAG · BERLIN

Reihe MATHEMATIK UND PHYSIK

Herausgeber:
Prof. Dr. phil. habil. W. Holzmüller, Leipzig
Prof. Dr. phil. habil. A. Lösche, Leipzig
Prof. Dr. phil. habil. H. Reichardt, Berlin
Prof. Dr. phil. habil. K. Schröder, Berlin
Prof. Dr. phil. habil. K. Schröter, Berlin
Prof. Dr. rer. nat. habil. H.-J. Treder, Potsdam

Verfasser:
Prof. Dr. rer. nat. habil. S. Brehmer
Pädagogische Hochschule „Karl Liebknecht", Potsdam

1975

Lizenznummer: 202 · 100/412/75
Herstellung: VEB Druckhaus „Maxim Gorki", 74 Altenburg
Bestellnummer: 762 124 2 (7150) · LSV 1034
Printed in GDR
EVP 8,–

Vorwort

Das Studium der Maß- und Integrationstheorie bereitet erfahrungsgemäß vielen Studenten anfänglich erhebliche Mühe. Wir haben uns bemüht, eine möglichst elementare Einführung in diesen Problemkreis zu geben. Einige Schwierigkeiten liegen allerdings in der Natur der Sache und können kaum umgangen werden.

Einer allgemeinen Entwicklung folgend haben wir den Integralbegriff an den Anfang gestellt. Die Konstruktion Lebesguescher Integrale, die axiomatisch charakterisiert werden, erfolgt nach dem Prinzip von DANIELL. Allerdings tritt der Begriff „fast überall“, der gewöhnlich zu Anfang große Schwierigkeiten bereitet, zunächst nicht explizit in Erscheinung. Das Schwergewicht der Darstellung liegt auf der Theorie des LEBESGUEschen Integrals im n-dimensionalen euklidischen Raum. In den ersten vier Kapiteln werden die grundlegenden Hilfsmittel der Integrationstheorie, soweit sie für die Elemente der Funktionalanalysis benötigt werden, bereitgestellt. Demgegenüber steht in den restlichen Kapiteln der Maßbegriff im Vordergrund. Hier werden vor allem die für die Wahrscheinlichkeitsrechnung bedeutsamen Begriffsbildungen entwickelt. Große Teile der Kapitel 5 bis 7 können auch unabhängig von den Kapiteln 2 bis 4 studiert werden.

Entsprechend dem einführenden Charakter dieser Darstellung mußten wichtige Gebiete der Maß- und Integrationstheorie unberücksichtigt bleiben. So wird z. B. das Problem der Differenzierbarkeit monotoner Funktionen nicht behandelt. Der Darstellungssatz für RADONsche Maße wird nur für den Fall positiver Maße untersucht. Daher wurde auch auf die Behandlung der Funktionen von endlicher Variation verzichtet. Bezüglich dieses Problemkreises verweisen wir auf das Standardwerk „Theorie der Funktionen einer reellen Veränderlichen“ von NATANSON.

Für zahlreiche Anregungen, die ich in Diskussionen und bei der gemeinsamen Gestaltung von Lehrveranstaltungen zur Maß- und Integrationstheorie erhalten habe, möchte ich meinen Kollegen Dr. H. Junek, Dr. H. Haar und Dr. R. Eilhauer sehr herzlich danken. Desgleichen danke ich dem Akademie-Verlag für die Aufnahme dieses Bandes in die WTB und dem Druckhaus „Maxim Gorki“ für die sorgfältige Herstellung des Satzes.

Potsdam, April 1975 S. Brehmer

Inhaltsverzeichnis

1. Allgemeine Grundlagen

1.1. Der erweiterte Bereich der reellen Zahlen

Aus dem geordneten Körper $\boldsymbol{R}$ der reellen Zahlen bildet man durch Hinzufügen zweier Elemente $-\infty, \infty$ und mit den folgenden Definitionen für Ordnung, Summe und Produkt den *erweiterten Bereich* $\boldsymbol{R}^a$ *der reellen Zahlen.* Für alle $a \in \boldsymbol{R}$ setzt man $-\infty < a < \infty$,

$$a + \infty = \infty + a = \infty + \infty = \infty,$$

$$a + (-\infty) = -\infty + a = -\infty + (-\infty) = -\infty,$$

$$a \cdot \infty = \infty \cdot a = \begin{cases} \infty \text{ für } a > 0 \\ 0 \text{ für } a = 0 \\ -\infty \text{ für } a < 0 \end{cases}$$

$$\infty \cdot \infty = (-\infty) \cdot (-\infty) = \infty,$$

$$\infty \cdot (-\infty) = (-\infty) \cdot \infty = -\infty, \; -(-\infty) = \infty,$$

$$a \cdot (-\infty) = (-\infty) \cdot a = -(a \cdot \infty).$$

Damit ist $\boldsymbol{R}^a$ eine geordnete Menge, in der die Multiplikation uneingeschränkt ausführbar ist. Die Addition $a + b$ mit $a, b \in \boldsymbol{R}^a$ ist mit Ausnahme der beiden Fälle $a = -b = \pm\infty$ erklärt. Wir setzen noch $a - b = a + (-b)$, wenn die rechte Seite erklärt ist. Wenn die auftretenden Ausdrücke bildbar sind, gelten die Assoziativ- und Distributivgesetze, und aus $a \leqq b$, $c \geqq 0$ folgt stets $ac \leqq bc$. Aus $a \leqq b$ folgt weiterhin, wenn $a + c$, $b + c$ definiert sind, $a + c \leqq b + c$.

Jede Teilmenge A von $\boldsymbol{R}^a$ besitzt ein Supremum (kleinste obere Schranke) bzw. ein Infimum (größte untere Schranke), das wir mit $\sup A$ bzw. $\inf A$ bezeichnen. Insbesondere ist $\sup \boldsymbol{R}^a = \sup \boldsymbol{R} = \inf \emptyset = \infty$ und $\inf \boldsymbol{R}^a = \inf \boldsymbol{R} = \sup \emptyset = -\infty$. Für $a, b \in \boldsymbol{R}^a$ sei $a \cup b$:

$= \sup\{a, b\} = \max\{a, b\}$ sowie $a \cap b := \inf\{a, b\} = \min\{a, b\}$. Die Operationen $a \cup b$, $a \cap b$ sind assoziativ und kommutativ. Weniger offensichtlich sind die Distributivgesetze

$$(a \cup b) \cap c = (a \cap c) \cup (a \cap c), \tag{1}$$

$$(a \cap b) \cup c = (a \cup c) \cap (b \cup c), \tag{2}$$

$$(a \cap b) + c = (a + c) \cap (b + c), \tag{3}$$

$$(a \cup b) + c = (a + c) \cup (b + c), \tag{4}$$

wobei in den letzten beiden Fällen natürlich die Existenz der gebildeten Elemente vorauszusetzen ist. Zum Beweis braucht man nur die Fälle $a \leqq b$ und $a > b$ zu betrachten.

Für endliche oder abzählbare Folgen von Elementen $a_n \in \boldsymbol{R}^a$ vereinbaren wir die Schreibweisen

$$\bigcup_{k=0}^{n} a_k = \sup\{a_0, a_1, \ldots, a_n\} = \max\{a_0, a_1, \ldots, a_n\},$$

$$\bigcup_{k=0}^{\infty} a_k = \sup\{a_n : n \in \boldsymbol{N}\}$$

und entsprechend für Infima.

Für $a \in \boldsymbol{R}^a$ sei noch

$$a^+ := a \cup 0, \; a^- := -(a \cap 0) = (-a) \cup 0,$$

woraus

$$a = a^+ - a^-, \quad |a| = a^+ + a^-$$

folgt.

Für alle Folgen (a_n) in $\boldsymbol{R}^a$ sind

$$\overline{\lim}\, a_n = \limsup a_n := \bigcap_{n=0}^{\infty} \bigcup_{k=n}^{\infty} a_k = \lim_{n\to\infty} \bigcup_{k=n}^{\infty} a_k, \tag{5}$$

$$\underline{\lim}\, a_n = \liminf a_n := \bigcup_{n=0}^{\infty} \bigcap_{k=n}^{\infty} a_k = \lim_{n\to\infty} \bigcap_{k=n}^{\infty} a_k \tag{6}$$

der *größte* bzw. *kleinste Häufungswert*. Stimmen beide überein, so heißt dieses Element der *Grenzwert* $a := \lim a_n$ der Folge in $\boldsymbol{R}^a$. Wir drücken dies durch $a_n \to a$ aus. Ist die Folge isoton (monoton wachsend) bzw. antiton (monoton fallend), so schreiben wir auch $a_n \uparrow a$ bzw. $a_n \downarrow a$.

Eine Folge (a_n) heiße *eigentlich konvergent*, wenn sie einen endlichen Grenzwert besitzt.

Gilt $a_n \to a$ und $b_n \to b$, so haben wir $a_n \cup b_n \to a \cup b$, $a_n \cap b_n \to a \cap b$ und, falls $a_n \pm b_n$, $a \pm b$ definiert sind auch $a_n \pm b_n \to a \pm b$. Dagegen folgt nicht immer $a_n \cdot b_n \to ab$, wie das Beispiel $a_n := \infty$, $b_n := \dfrac{1}{n+1}$ also $a = \infty$, $b = 0$, $a_n b_n \to \infty$, $a \cdot b = 0$ zeigt.

Sind $s_n := \sum\limits_{k=0}^{n} a_k$ die Partialsummen einer Reihe und besitzt die Folge s_n einen Grenzwert s, so setzen wir wie üblich $s = \sum\limits_{k=0}^{\infty} a_k$. Im Teilbereich $\boldsymbol{R}_+^a := \{x : x \in \boldsymbol{R}^a, x \geqq 0\}$ sind alle Reihen konvergent. Für Doppelreihen mit Gliedern a_{kn} aus $\boldsymbol{R}_+^a$ gilt der Umordnungssatz

$$\sum_{k=0}^{\infty} \sum_{n=0}^{\infty} a_{kn} = \sum_{n=0}^{\infty} \sum_{k=0}^{\infty} a_{kn} = \lim_{p\to\infty} \sum_{k=0}^{p} \sum_{n=0}^{p} a_{kn}. \tag{7}$$

Zum Beweis genügt es zu zeigen, daß die erste Doppelreihe gleich dem rechts stehenden Limes ist. Mit

$$s_{pq} := \sum_{k=0}^{p} \sum_{n=0}^{q} a_{kn}$$

haben wir

$$s_{pp} \leqq s_{p,p+q} \leqq s_{p+q,\,p+q},$$

und der Grenzübergang $q \to \infty$ ergibt

$$s_{pp} \leqq \sum_{k=0}^{p} \sum_{n=0}^{\infty} a_{kn} \leqq \lim_{q\to\infty} s_{qq}.$$

Nun lassen wir p gegen ∞ streben und erhalten

$$\lim_{p\to\infty} s_{pp} \leqq \sum_{k=0}^{\infty}\sum_{n=0}^{\infty} a_{kn} = \lim_{p\to\infty} s_{pp},$$

womit unsere Behauptung bewiesen ist.

1.2. Numerische Funktionen

Es sei X eine beliebige nichtleere (Grund-)Menge. Unter einer *numerischen Funktion* auf X verstehen wir eine für alle $x \in X$ definierte Funktion f mit Werten in der erweiterten Menge $\boldsymbol{R}^a$ der reellen Zahlen, was wir durch

$$f: X \to \boldsymbol{R}^a$$

symbolisieren. Die Menge aller numerischen Funktionen auf X bezeichnen wir mit $\Phi(X)$. Wir nennen f *endlich*, wenn der Wertebereich $W(f)$ dieser Funktion endlich ist, d. h., wenn $f(x) \in \boldsymbol{R}$ für alle $x \in X$ ist. Dies besagt nicht, daß f sogar beschränkt ist.

Die in $\boldsymbol{R}^a$ definierten Relationen und Operationen induzieren in der Menge $\Phi(X)$ aller numerischen Funktionen analoge Relationen und Operationen: Für $f, g \in \Phi(X)$ setzen wir $f \leqq g$, wenn $f(x) \leqq g(x)$ für alle $x \in X$ gilt. Damit ist auf $\Phi(X)$ eine Ordnungsrelation gegeben, doch braucht für Elemente f und g aus $\Phi(X)$ weder $f \leqq g$ noch $g \leqq f$ zu bestehen. Aus diesem Grunde sagt man auch häufig Halbordnung statt Ordnung.

Entsprechend den obigen Definitionen für Elemente aus $\boldsymbol{R}^a$ seien

$$(f + g)(x) := f(x) + g(x) \quad \text{(falls definiert)},$$

$$(f \cdot g)(x) := f(x) \cdot g(x),$$

$$(f \cup g)(x) := f(x) \cup g(x),$$

$$(f \cap g)(x) := f(x) \cap g(x),$$

$$|f|(x) := |f(x)|,$$

$$f^+(x) := \left(f(x)\right)^+,$$

$$f^-(x) := \left(f(x)\right)^-.$$

Man nennt $|f|$ bzw. f^+ bzw. f^- den Absolutbetrag bzw. den positiven bzw. den negativen Teil von f (Abb. 1).

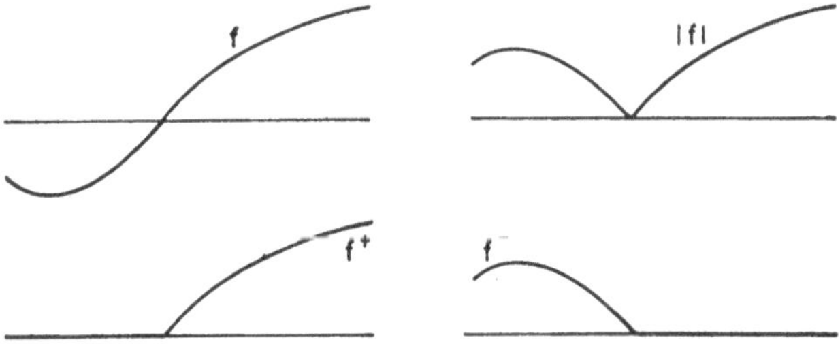

Abb. 1

Ist (f_n) eine Folge numerischer Funktionen, so setzen wir

$$\left(\bigcup_{n=0}^{\infty} f_n\right)(x) = \bigcup_{n=0}^{\infty} f_n(x), \quad \left(\bigcap_{n=0}^{\infty} f_n\right)(x) = \bigcap_{n=0}^{\infty} f_n(x).$$

Man erkennt, daß $\bigcup_{n=0}^{\infty} f_n$ und $\bigcap_{n=0}^{\infty} f_n$ gerade Supremum bzw. Infimum der Menge (f_n) in der für numerische Funktionen gegebenen Ordnungsrelation ist.

Die Elemente $a \in \boldsymbol{R}^a$ können als Operatoren für numerische Funktionen f verwendet werden, indem man

$$(a \cdot f)(x) = a \cdot f(x)$$

setzt.

Schließlich erklären wir auch die Konvergenzbeziehungen $\limsup f_n = f$, $\liminf f_n = f$, $f_n \to f$, $f_n \uparrow f$ und $f_n \downarrow f$ für Funktionenfolgen (f_n) aus $\Phi(X)$ durch entsprechendes Verhalten der Funktionswerte an jeder Stelle $x \in X$.

Für numerische Funktionen f und g setzen wir zur Abkürzung

$$\{f < g\} := \{x \in X : f(x) < g(x)\}.$$

Analog werden $\{f > g\}$, $\{f \leqq g\}$ und $\{f \geqq g\}$ definiert.

Ist $a \in \boldsymbol{R}^a$, so sei $\{f \leqq a\} := \{x \in X : f(x) \leqq a\}$. Das ordnet sich obiger Definition unter, wenn man, wie wir dies gelegentlich tun werden, die Elemente von $\boldsymbol{R}^a$ mit konstanten Funktionen auf X identifiziert.

Auf der Grundmenge X kann eine *Topologie* definiert sein. Sie ist durch ein System $\mathfrak{G}$ von *offenen Mengen* G mit folgenden Eigenschaften gegeben.

(a) $\emptyset, X \in \mathfrak{G}$.

(b) Aus $G_1, G_2 \in \mathfrak{G}$ folgt $G_1 \cap G_2 \in \mathfrak{G}$.

(c) Aus $\mathfrak{G}_0 \subseteq \mathfrak{G}$ folgt $\bigcup \mathfrak{G}_0 \in \mathfrak{G}$.

Eine Menge heißt abgeschlossen, wenn ihr Komplement offen ist.

Mit $\operatorname{int} M$ (Interior von M) bezeichnen wir die Vereinigung aller offenen Mengen, die in M enthalten sind. Der Durchschnitt aller abgeschlossenen Mengen, die M enthalten, heißt die *abgeschlossene Hülle* M^a von M, die Menge $\partial M := M^a \setminus \operatorname{int} M$ der *Rand* von M. Die Menge ∂M ist stets abgeschlossen. Eine Menge F heißt *kompakt*, wenn aus jeder Überdeckung von F durch offene Mengen eine endliche Überdeckung ausgewählt werden kann.

Der Raum $\boldsymbol{R}^n$ ist *lokalkompakt*, d. h., die abgeschlossene Hülle einer jeden beschränkten Menge ist kompakt.

Unter dem *Träger* einer numerischen Funktion f verstehen wir die Menge $\{f \neq 0\}$, d. h., die Menge der Punkte $x \in X$ mit $f(x) \neq 0$. Ist auf X eine Topologie gegeben, so versteht man allerdings unter dem Träger einer Funktion f den Abschluß $\{f \neq 0\}^a$ der Menge $\{f \neq 0\}$. Diese Menge wird nach dem englischen „support" häufig mit $\operatorname{supp} f$ bezeichnet. Da bei uns auch abstrakte Mengen ohne Topologie auftreten, wollen wir $\{f \neq 0\}$ als Träger und — gegebenenfalls — $\operatorname{supp} f = \{f \neq 0\}^a$ als *Abschluß* des Trägers bezeichnen.

Wir erwähnen noch zwei für unsere Betrachtungen sehr wichtige Begriffsbildungen, die den allgemeinen Funktionsbegriff betreffen. Unter einer *Einschränkung* einer auf einer Menge X definierten Funktion f mit Werten $f(x)$ in einer beliebigen Menge Y verstehen wir eine auf einer Teilmenge $A \subseteq X$ definierte Funktion g, die auf A mit f übereinstimmt. Genauer nennen wir g in diesem Fall *die Einschränkung von f auf $A \subseteq X$* und schreiben $g = f \mid A$. Hiernach ist

$$(f \mid A)(x) = f(x) \qquad (x \in A, A \subseteq X),$$

während $f \mid A$ für $x \notin A$ nicht definiert ist.

Umgekehrt nennt man f eine *Fortsetzung* der Funktion g, wenn der Definitionsbereich von f den Definitionsbereich $D(g)$ von g umfaßt und $f(x) = g(x)$ für $x \in D(g)$ ist. Hiernach ist f genau dann eine Fortsetzung von g, wenn g eine Einschränkung von f ist.

1.3. Potenzmengenalgebra und charakteristische Funktionen

Es sei X eine Menge und

$$\mathfrak{P}(X) := \{M : M \subseteq X\}$$

ihre Potenzmenge. In $\mathfrak{P}(X)$ sind die bekannten Operationen Vereinigung, Durchschnitt, Differenz und symmetrische Differenz

$$M \triangle N := (M \setminus N) \cup (N \setminus M) = (M \cup N) \setminus (M \cap N)$$

definiert (Abb. 2). Die so strukturierte Menge $\mathfrak{P}(X)$ heißt die *Potenzmengenalgebra* von X. Das Komplement $X \setminus A$ einer Menge $A \subseteq X$ bezeichnen wir mit $\bar{A}$. Die Inklusion $\subseteq$ ist in $\mathfrak{P}(X)$ eine Halbordnungsrelation. Vereinigung und Durchschnitt von Mengensystemen können als Supremum bzw. Infimum bezüglich dieser Ordnungs-

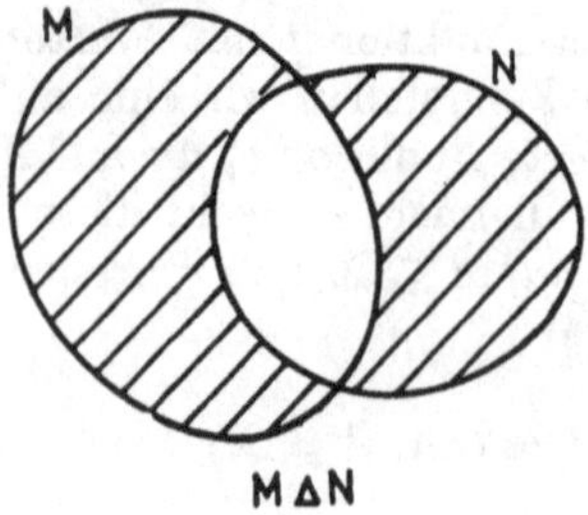

Abb. 2

relation aufgefaßt werden. Wie für Funktionen setzen wir

$$\limsup A_n = \bigcap_{n=0}^{\infty} \bigcup_{k=n}^{\infty} A_n,$$

$$\liminf A_n = \bigcup_{n=0}^{\infty} \bigcap_{k=n}^{\infty} A_k$$

und, wenn beide übereinstimmen,

$$\lim A_n = \limsup A_n = \liminf A_n.$$

Gilt $A_n \subseteq A_{n+1}$ bzw. $A_n \supseteq A_{n+1}$, so existiert stets $A = \lim A_n$, und wir schreiben $A_n \uparrow A$ bzw. $A_n \downarrow A$.

Jeder Menge $M \subseteq X$ ordnen wir ihre *charakteristische Funktion* oder *Indikatorfunktion* χ_M mit

$$\chi_M(x) := \begin{cases} 1 \text{ für } x \in M \\ 0 \text{ für } x \notin M \end{cases}$$

zu. Durch die Abbildung $M \mapsto \chi_M$ wird $\mathfrak{P}(X)$ umkehrbar eindeutig auf die Menge der Funktionen χ aus $\Phi(X)$ mit $W(\chi) \subseteq \{0, 1\}$ abgebildet. Es ist $A \subseteq B$ genau dann, wenn $\chi_A \leqq \chi_B$ ist. Ferner ist $\chi_\emptyset = 0$, $\chi_X = 1$ und

$$\chi_{M \cap N} = \chi_M \cdot \chi_N,$$

$$\chi_{M \setminus N} = \chi_M (1 - \chi_N),$$

$$\chi_{M \triangle N} = |\chi_M - \chi_N|,$$

$$\chi_{M \cup N} = 1 - (1 - \chi_M)(1 - \chi_N) = \chi_M + \chi_N - \chi_M \chi_N.$$

Für disjunkte Mengen M, N ist $\chi_{M \cup N} = \chi_M + \chi_N$. Allgemeiner gilt

$$\chi_A = \chi_{A1} + \cdots + \chi_{An}$$

genau dann, wenn $A = A_1 \cup \cdots \cup A_n$ ist und die Mengen $A_1, \cdots, A_n$ paarweise disjunkt sind.

2. Lebesguesche Integrale

2.1. Integrale

Wir betrachten das System $\mathscr{E}^{(1)}$ aller stetigen für alle reellen Zahlen definierten Funktionen, die stückweise linear sind und außerhalb eines hinreichend großen Intervalls verschwinden (Abb. 3). Eine Zerlegung

$$Z: x_0 < x_1 < \cdots < x_n \tag{1}$$

Abb. 3

heißt *zulässig* für eine Funktion $f \in \mathscr{E}^{(1)}$, wenn $f(x)$ für $x \leqq x_0$ und $x \geqq x_n$ verschwindet und wenn f in jedem Teilintervall $[x_{i-1}, x_i]$ $(i = 1, \ldots, n)$ linear ist. Offensichtlich existiert zu jeder Funktion $f \in \mathscr{E}^{(1)}$ eine zulässige Zerlegung Z, und jede Verfeinerung einer zulässigen Zerlegung ist wieder eine zulässige Zerlegung.

Mit jeder Funktion f ist auch jedes reelle Vielfache von f

in $\mathscr{E}^{(1)}$ enthalten. Durch „Übereinanderlegen" von zwei für Funktionen $f, g \in \mathscr{E}^{(1)}$ zulässigen Zerlegungen entsteht eine für beide Funktionen zulässige Zerlegung. Damit wird klar, daß auch $f + g \in \mathscr{E}^{(1)}$ ist. Das System $\mathscr{E}^{(1)}$ bildet somit einen *linearen* (Funktionen-) *Raum*.

Fügt man zu den Punkten einer für $f \in \mathscr{E}^{(1)}$ zulässigen Zerlegung alle Punkte hinzu, in denen f das Vorzeichen wechselt, so erkennt man, daß mit f auch der positive Teil f^+ in $\mathscr{E}^{(1)}$ liegt. Wegen $f^- = (-f)^+$ und $|f| = f^+ + f^-$ gilt dasselbe für den negativen Teil und den Absolutbetrag von f.

Nunmehr soll jeder Funktion $f \in \mathscr{E}^{(1)}$ ein „Integral" zugeordnet werden, das wir mit $J^{(1)}(f)$ bezeichnen. Entsprechend unseren Kenntnissen soll es im Falle $f \geqq 0$ den Inhalt der „Fläche unter der Kurve" angeben. Dies führt unter Beachtung der Inhaltsformel für Trapeze zu der Definition

$$J^{(1)}(f) := \sum_{i=1}^{n} \frac{f(x_{i-1}) + f(x_i)}{2} (x_i - x_{i-1}) \qquad (f \in \mathscr{E}^{(1)}), \tag{2}$$

wobei (1) eine zulässige Zerlegung für f ist. Diese Definition ist von der Wahl der Zerlegung Z unabhängig. Zum Beweis brauchen wir nur zu zeigen, daß die rechte Seite von (2) beim Hinzufügen eines weiteren Teilpunktes ξ mit $x_{i-1} < \xi < x_i$ unverändert bleibt, denn je zwei Zerlegungen besitzen eine gemeinsame Verfeinerung. Wegen der Linearität von f im Intervall $[x_{i-1}, x_i]$ gilt

$$f(\xi) = f(x_{i-1}) + \frac{f(x_i) - f(x_{i-1})}{x_i - x_{i-1}} (\xi - x_{i-1}), \tag{3}$$

und eine elementare Rechnung zeigt, daß

$$\frac{f(x_{i-1}) + f(x_i)}{2} (x_i - x_{i-1}) = \frac{f(x_{i-1}) + f(\xi)}{2} (\xi - x_{i-1}) + \frac{f(\xi) + f(x_i)}{2} (x_i - \xi)$$

ist. Damit ist die behauptete Unabhängigkeit bewiesen.

Das Integral (2) stimmt überein mit dem RIEMANNschen Integral der Funktion f über ein Intervall, außerhalb dessen f verschwindet. Ohne Verwendung der RIEMANNschen Integrationstheorie lassen sich die Eigenschaften

$$J^{(1)}(f) \geqq 0 \text{ für } f \geqq 0, \tag{4}$$

$$J^{(1)}(\lambda f) = \lambda J^{(1)}(f) \qquad (\lambda \in \boldsymbol{R}), \tag{5}$$

$$J^{(1)}(f + g) = J^{(1)}(f) + J^{(1)}(g) \tag{6}$$

beweisen. Sie können sofort aus der Definition (2) abgelesen werden, wenn man eine für f und g zulässige Zerlegung wählt. Aus diesen Eigenschaften folgt weiterhin die Isotonie

$$J^{(1)}(f) \leqq J^{(1)}(g) \qquad (f \leqq g). \tag{7}$$

Zum Beweis eines wichtigen Grenzwertsatzes über das Integral $J^{(1)}$ benötigen wir einen Satz über monotone Funktionenfolgen, den wir gleich etwas allgemeiner formulieren.

Satz 1: *Es sei F eine kompakte (beschränkte und abgeschlossene) Menge des Raumes $\boldsymbol{R}^m$, und (f_n) sei eine antitone (= monoton fallende) Folge von auf F definierten stetigen Funktionen. Konvergiert (f_n) in allen Punkten von F gegen 0, so strebt auch*

$$y_n := \max_{x \in F} f_n(x)$$

gegen 0 (und folglich konvergiert (f_n) gleichmäßig gegen 0).

Beweis: Wegen der Stetigkeit von f_n gibt es ein $x_n \in F$ mit $y_n = f(x_n)$. Die Folge (x_n) besitzt einen Häufungspunkt x^*, der wieder in F liegt. Zu vorgegebenem $\varepsilon > 0$ wählen wir eine natürliche Zahl k mit $f_k(x^*) < \varepsilon$, was wegen $\lim_{k\to\infty} f_k(x^*) = 0$ möglich ist. Auf Grund der Stetigkeit von f_k können wir ein $\delta > 0$ finden derart, daß

$f_k(x) < \varepsilon$ ist für alle x, deren Abstand von x^* kleiner als δ ist. Zu δ wählen wir ein p mit $p \geqq k$ derart, daß x_p vom Häufungspunkt x^* einen Abstand kleiner als δ besitzt. Für $n \geqq p$ haben wir $y_n \leqq y_p = f_p(x_p) \leqq f_k(x_p) < \varepsilon$. Da ε beliebig gewählt war, ist $\lim_{n\to\infty} y_n = 0$, was zu beweisen war.

Satz 2: *Das Funktional $J^{(1)}$ ist stetig von unten, d. h., aus $f, f_n \in \mathfrak{E}^{(1)}$ und $f_n \uparrow f$ folgt $J^{(1)}(f_n) \uparrow J^{(1)}(f)$.*

Beweis: Zunächst bemerken wir, daß die Stetigkeit von unten äquivalent mit der Stetigkeit von oben ist. Wir brauchen hierzu nur f, f_n durch $-f, -f_n$ zu ersetzen. Sie ist sogar mit der *Nullstetigkeit von oben* äquivalent; letztere besagt, daß aus $f_n \downarrow 0$ stets $J^{(1)}(f_n) \downarrow 0$ folgt. Ist diese erfüllt, so folgt aus $f_n \uparrow f$ stets $f - f_n \downarrow 0$ und damit $J^{(1)}(f - f_n) \downarrow 0$, was wegen $J^{(1)}(f - f_n) = J^{(1)}(f) - J^{(1)}(f_n)$ mit $J^{(1)}(f_n) \uparrow J(f)$ äquivalent ist.

Es gelte also $f_n \downarrow 0$. Wir wählen ein Intervall $[a, b]$, außerhalb dessen f_0 und damit auch f_n verschwindet. Ist y_n das Maximum von f_n, so folgt aus (2) offensichtlich $J^{(1)}(f_n) \leqq y_n(b - a)$. Aus Satz 1 folgt $y_n \downarrow 0$ und damit $J^{(1)}(f_n) \downarrow 0$.

Die Klasse $\mathfrak{E}^{(1)}$ der Funktionen, für die wir ein Integral definiert haben, erweist sich für die Anwendungen als zu eng. Dies gilt auch dann, wenn wir an Stelle von $\mathfrak{E}^{(1)}$ etwa das System aller auf $\boldsymbol{R}$ stetigen reellwertigen Funktionen f betrachtet hätten, die außerhalb eines hinreichend großen Intervalls verschwinden, und $J^{(1)}(f)$ als RIEMANNsches Integral dieser Funktionen eingeführt hätten. Unser Ziel besteht darin, ein möglichst umfassendes Funktionensystem zu konstruieren und unser ursprüngliches Integral auf die Funktionen dieses Systems fortzusetzen. Bei diesem Fortsetzungsprozeß werden wir uns nicht auf die konkrete Definition von $\mathfrak{E}^{(1)}$ und $J^{(1)}$ stützen und uns nur auf die bewiesenen Eigenschaften des Funktionensystems $\mathfrak{E}^{(1)}$ und des Integrals $J^{(1)}$ beziehen. Die Konstruktion kann nämlich völlig unverändert auf die Definition mehrdimensionaler Integrale oder auch abstrakt definierter

Integraltypen übertragen werden. Zur Präzisierung dieses Grundgedankens führen wir einige Begriffe ein.

Definition 1: Ein System $\mathscr{E}$ von reellwertigen Funktionen, die auf einer Grundmenge X definiert sind, heißt ein *linearer Verband* oder *Vektorverband*, wenn aus $f, g \in \mathscr{E}$ und $\lambda \in \boldsymbol{R}$ stets λf, $f + g$ und $|f| \in \mathscr{E}$ folgt.

Das oben definierte System $\mathscr{E}^{(1)}$ ist ein Vektorverband. Ein weiteres Beispiel bildet das System $C_0(\boldsymbol{R}^n)$ aller stetigen reellwertigen Funktionen von n Variablen, die außerhalb einer beschränkten Punktmenge des Raumes $\boldsymbol{R}^n$ verschwinden. In der Tat sind mit f, g auch die Funktionen λf, $f + g$ und $|f|$ stetig, und sie verschwinden außerhalb einer beschränkten Menge, wenn dies für f und g der Fall ist.

Jeder Vektorverband $\mathscr{E}$ enthält wegen

$$f \cup g = \frac{1}{2}(f + g + |f - g|), \tag{8}$$

$$f \cap g = \frac{1}{2}(f + g - |f - g|) \tag{9}$$

mit f, g auch die Funktionen $f \cup g$, $f \cap g$. Speziell liegen mit f auch die Funktionen $f^+ = f \cup 0$, $f^- = (-f)^+$ sowie $f \cap 0$ in $\mathscr{E}$.

Definition 2: Ein auf einem Vektorverband $\mathscr{E}$ definiertes reellwertiges Funktional J heißt ein *Integral* auf dem Vektorverband $\mathscr{E}$, wenn es folgende Eigenschaften besitzt:

a) J ist *positiv*, d. h., aus $f \in \mathscr{E}$ und $f \geqq 0$ folgt $J(f) \geqq 0$.

b) J ist *linear*, d. h., aus $f, g \in \mathscr{E}$ und $\lambda \in \boldsymbol{R}$ folgt $J(\lambda f) = \lambda J(f)$ und $J(f + g) = J(f) + J(g)$.

c) J ist *stetig von unten*, d. h. aus $f, f_n \in \mathscr{E}$ und $f_n \uparrow f$ folgt $J(f_n) \uparrow J(f)$.

Die Funktionen $f \in \mathscr{E}$ heißen *(J)-integrierbar* und die Grundmenge X heißt der *volle Integrationsbereich*.

An Stelle der Bezeichnung $J(f)$ für das Integral einer Funktion f wählen wir auch die Schreibweise

$$\int f(x)\, \mathrm{d}J(x) := J(f). \tag{10}$$

Sie ist besonders dann vorteilhaft, wenn die Funktion f von weiteren Parametern abhängt, so daß wir z. B. durch

$$g(t) := \int f(x, t)\, \mathrm{d}J(x)$$

eine neue Funktion definieren können, falls $f(x, t)$ für festes t in $\mathscr{E}$ liegt. Wenn keine Verwechslungen zu befürchten sind, schreiben wir an Stelle von (10) einfacher

$$J(f) = \int f(x)\, \mathrm{d}x.$$

In den vorangegangenen Ausführungen haben wir bereits ein Integral konstruiert, nämlich das Integral $J^{(1)}$ auf dem Vektorverband $\mathscr{E}^{(1)}$.

Aus den geforderten Eigenschaften für Integrale leiten wir einige häufig verwendete Folgerungen her.

Satz 3: *Ein Integral ist isoton, d. h., aus $f \leqq g$ folgt*

$$\int f(x)\, \mathrm{d}x \leqq \int g(x)\, \mathrm{d}x.$$

Beweis: Wegen $0 \leqq g - f$ ist $J(g) - J(f) = J(g - f) \geqq 0$.

Satz 4: *Für alle $f \in \mathscr{E}$ gilt*

$$\left|\int f(x)\, \mathrm{d}x\right| \leqq \int |f(x)|\, \mathrm{d}x. \tag{11}$$

Beweis: Wegen $\pm f \leqq |f|$ und der Isotonie von J gilt $\pm J(f) \leqq J(|f|)$, und dies ist mit (11) äquivalent.

Satz 5: *Ist der Grenzwert einer isotonen Folge von Funktionen f_n überall nichtnegativ, so ist auch der Grenzwert der Folge der Integrale nichtnegativ.*

Beweis: Es gilt $f_n \cap 0 \uparrow 0$, also

$$0 = \lim_{n\to\infty} J(f_n \cap 0) \leqq \lim_{n\to\infty} J(f_n).$$

Satz 6: *Es seien* (f_n), (g_n) *isotone Folgen von integrierbaren Funktionen. Dann folgt aus*

$$\lim_{n\to\infty} f_n \leqq \lim_{n\to\infty} g_n \tag{12}$$

stets

$$\lim_{n\to\infty} \int f_n(x)\,dx \leqq \lim_{n\to\infty} \int g_n(x)\,dx. \tag{13}$$

Gilt in (12) *das Gleichheitszeichen, so ist dies auch in* (13) *der Fall.*

Beweis: Für festes k ist der Grenzwert der isotonen Folge $(g_n - f_k)$ wegen (12) nichtnegativ, und nach Satz 5 ist

$$\lim_{n\to\infty} J(g_n) - J(f_k) = \lim_{n\to\infty} J(g_n - f_k) \geqq 0,$$

$$J(f_k) \leqq \lim_{n\to\infty} J(g_n).$$

Der Grenzübergang $k \to \infty$ ergibt (13). Die letzte Behauptung ist klar, denn f_n und g_n können die Rollen vertauschen.

Um nicht später die Gedankenführung unterbrechen zu müssen, nehmen wir bereits jetzt eine Verallgemeinerung des Integralbegriffs auf komplexwertige Funktionen vor.

Satz 7: *Es sei* J *ein Integral auf* $\mathscr{E}$, *und* $\bar{\mathscr{E}}$ *sei das System aller auf der Grundmenge definierten komplexwertigen Funktionen* f, *deren Realteil* f_1 *und Imaginärteil* f_2 *in* $\mathscr{E}$ *liegen. Setzen wir*

$$J(f) := J(f_1) + iJ(f_2) \qquad (f = f_1 + if_2,\, f_1, f_2 \in \mathscr{E}), \tag{14}$$

so gilt

$$J(\lambda f) = \lambda J(f) \qquad (f \in \bar{\mathscr{E}},\, \lambda \in \boldsymbol{C}), \tag{15}$$

$$J(f + g) = J(f) + J(g) \qquad (f, g \in \bar{\mathscr{E}}) \tag{16}$$

und

$$|J(f)| \leqq J(|f|) \qquad (f \in \bar{\mathscr{E}},\, |f| \in \mathscr{E}). \tag{17}$$

Beweis: Es sei $\lambda = \lambda_1 + i\lambda_2$ mit $\lambda_1, \lambda_2 \in \boldsymbol{R}$. Dann ist

$\lambda f = (\lambda_1 f_1 - \lambda_2 f_2) + i(\lambda_1 f_2 + \lambda_2 f_1)$ und folglich

$$\lambda J(f) = (\lambda_1 + i\lambda_2)\big(J(f_1) + iJ(f_2)\big)$$
$$= \lambda_1 J(f_1) - \lambda_2 J(f_2) + i\big(\lambda_1 J(f_2) + \lambda_2 J(f_1)\big) = J(\lambda f),$$

und (15) ist bewiesen. Noch einfacher gestaltet sich der Beweis von (16). Die Behauptung (17) gilt für $J(f) = 0$. Andernfalls setzen wir $z := J(f) : |J(f)|$, so daß $|z| = 1$ und $\bar{z}J(f) = |J(f)|$ folgt. Mit g_1, g_2 bezeichnen wir den Real- und den Imaginärteil von $\bar{z}f$, so daß wir

$$J(g_1) + iJ(g_2) = J(\bar{z}f) = \bar{z}J(f) = |J(f)|$$

erhalten. Daher ist $J(g_2) = 0$, und wegen $g_1 \leqq |\bar{z}f| = |f|$ folgt

$$|J(f)| = J(g_1) \leqq J(|f|),$$

was zu zeigen war.

Im nächsten Abschnitt werden wir von dieser Ausdehnung auf komplexwertige Funktionen noch keinen Gebrauch machen.

2.2. Fortsetzung eines Integrals auf die isotone Hülle

Unter der *isotonen Hülle* eines Funktionensystems $\mathfrak{E}$ verstehen wir das System aller numerischen Funktionen F, die sich als Grenzwerte isotoner Folgen von Funktionen f_n aus $\mathfrak{E}$ darstellen lassen. Wir bezeichnen das so gebildete Funktionensystem mit $\mathfrak{E}^\sigma$ und nennen jede Funktion aus diesem System eine $\mathfrak{E}^\sigma$-Funktion (Abb. 4).

Die isotone Hülle $\mathfrak{E}^\sigma$ eines Vektorverbandes $\mathfrak{E}$ enthält mit zwei Funktionen F, G auch die Funktion tF $(t \geqq 0)$, $F + G$, $F \cup G$ und $F \cap G$, denn aus $f_n, g_n \in \mathfrak{E}$ und $f_n \uparrow F$, $g_n \uparrow G$ folgt, daß die entsprechend gebildeten Folgen isoton gegen die genannten Grenzfunktionen streben. Speziell sind $F + g$ und $F - g = F + (-g)$ für alle

$F \in \mathscr{E}^\sigma$ und $g \in \mathscr{E}$ in $\mathscr{E}^\sigma$ enthalten. Zu jeder nichtnegativen $\mathscr{E}^\sigma$-Funktion F gibt es auch nichtnegative Funktionen $f_n \in \mathscr{E}$ mit $f_n \uparrow F$. In der Tat gibt es zu F jedenfalls Funktionen $f_n \in \mathscr{E}$ mit $f_n \uparrow F$, woraus $f_n \cup 0 \uparrow F \cup 0$, also $f_n^+ \uparrow F$ folgt. Etwas aufwendiger ist der Beweis von

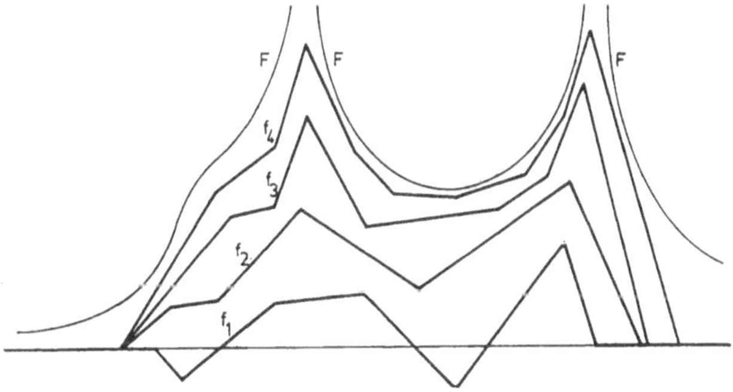

Abb. 4

Satz 1: *Die isotone Hülle eines Vektorverbandes $\mathscr{E}$ enthält mit jeder isotonen Folge von $\mathscr{E}^\sigma$-Funktionen F_n auch deren Grenzfunktion F.*

Beweis: Zu jedem k wählen wir eine Folge von Funktionen $f_n^{(k)}$ mit $f_n^{(k)} \uparrow F_k$ und setzen

$$f_n := f_n^{(0)} \cup \cdots \cup f_n^{(n)}. \tag{1}$$

Offensichtlich ist $f_n \leqq f_{n+1}$, und wegen $f_n \in \mathscr{E}$ liegt die Funktion $F' := \lim f_n$ in $\mathscr{E}^\sigma$. Aus

$$f_n = f_n^{(0)} \cup \cdots \cup f_n^{(n)} \leqq F_0 \cup \cdots \cup F_n = F_n \leqq F \tag{2}$$

folgt $F' \leqq F$. Andererseits ist stets $f_{n+k} \geqq f_{n+k}^{(n)} \geqq f_k^{(n)}$, also

$$F' = \lim_{k\to\infty} f_{n+k} \geqq \lim_{k\to\infty} f_k^{(n)} = F_n,$$

woraus $F' \geqq F$ und damit $F = F' \in \mathscr{E}^\sigma$ folgt.

Die isotone Hülle $\mathscr{E}^\sigma$ eines Vektorverbandes $\mathscr{E}$ ist also gegenüber der Bildung von Grenzwerten isotoner Folgen abgeschlossen.

Ist auf dem Vektorverband $\mathscr{E}$ ein Integral J definiert, so kann für alle $\mathscr{E}^\sigma$-Funktionen F durch

$$J^*(F) := \lim_{n\to\infty} J f_n) \qquad (f_n \in \mathscr{E}, f_n \uparrow F) \tag{3}$$

in sinnvoller Weise ein „verallgemeinertes Integral" definiert werden. Die Definition (3) ist nämlich auf Grund von 2.1., Satz 6, unabhängig von der Wahl der Funktionen $f_n \in \mathscr{E}$ mit $f_n \uparrow F$. Wenn keine Verwechslungen zu befürchten sind, schreiben wir auch

$$\int F(x)\,\mathrm{d}x := \lim_{n\to\infty} \int f_n(x)\,\mathrm{d}x \qquad (f_n \in \mathscr{E}, f_n \uparrow F), \tag{4}$$

obwohl das Funktional J^* kein Integral im Sinne unserer ursprünglichen Definition ist, zumal $\mathscr{E}^\sigma$ kein Vektorverband ist. Selbstverständlich ist stets

$$J^*(f) = J(f) \qquad (f \in \mathscr{E}), \tag{5}$$

d. h., das Funktional J^* ist eine Fortsetzung von J.

Satz 2: *Ist J ein Integral auf dem Vektorverband $\mathscr{E}$, so gilt*

$$J^*(tF) = tJ^*(F) \qquad (t \geqq 0), \tag{6}$$

$$J^*(F + G) = J^*(F) + J^*(G), \tag{7}$$

für alle $\mathscr{E}^\sigma$-Funktionen F, G, und aus $F \leqq G$ folgt $J^*(F) \leqq J^*(G)$.

Beweis: Gilt $f_n \uparrow F$, so haben wir

$$J^*(tF) = \lim_{n\to\infty} J(tf_n) = t \lim_{n\to\infty} J(f_n) = tJ^*(F),$$

und nach dem gleichen Prinzip wird (7) bewiesen. Die letzte Behauptung ist wieder eine unmittelbare Folgerung aus 2.1., Satz 6.

Wir vermerken noch, daß stets

$$J^*(F \pm g) = J^*(F) \pm J(g) \qquad (F \in \mathscr{E}^\sigma, g \in \mathscr{E}) \tag{8}$$

ist, denn es ist $\pm g \in \mathscr{E} \subseteq \mathscr{E}^\sigma$

Satz 3: *Das Funktional J^* ist auf $\mathscr{E}^\sigma$ stetig von unten, d. h., aus $F, F_n \in \mathscr{E}^\sigma$ und $F_n \uparrow F$ folgt $J^*(F_n) \uparrow J^*(F)$.*

Beweis: Nach dem Beweis von Satz 1 gibt es Funktionen $f_n \in \mathscr{E}$ mit $f_n \leqq F_n \leqq F$ und $f_n \uparrow F$. Aus (3) und Satz 2 folgt

$$J^*(F) = \lim_{n\to\infty} J(f_n) \leqq \lim_{n\to\infty} J^*(F_n) \leqq J^*(F),$$

und hieraus kann unsere Behauptung abgelesen werden.

Eine unmittelbare Folgerung aus Satz 3 ist die *σ-Additivität* unseres Funktionals J^* für nichtnegative $\mathscr{E}^\sigma$-Funktionen, d. h., es ist

$$J^*\left(\sum_{k=0}^{\infty} F_k\right) = \sum_{k=0}^{\infty} J^*(F_k) \quad (F_k \in \mathscr{E}^\sigma, F_k \geqq 0). \tag{9}$$

Zum Beweis setzen wir

$$F_n' := \sum_{k=0}^{n} F_k, \; F := \sum_{k=0}^{\infty} F_k,$$

so daß wir $F_n' \uparrow F$, also

$$J^*(F) = \lim_{n\to\infty} J^*(F_n') = \lim_{n\to\infty} \sum_{k=0}^{n} J^*(F_k) = \sum_{k=0}^{\infty} J^*(F_k)$$

feststellen.

Abschließend bemerken wir, daß man für beliebige numerische Funktionen φ durch

$$J^*(\varphi) := \inf\{J^*(F) : F \in \mathscr{E}^\sigma, \varphi \leqq F\}$$

ein sogenanntes *äußeres Integral* definieren kann. Das so definierte Funktional hat allerdings nicht mehr die oben erwähnten Eigenschaften, und wir werden von dieser Ausdehnung keinen Gebrauch machen.

2.3. Fortsetzung eines Integrals zu einem L-Integral

Von HENRI LEBESGUE (1875—1941) wurde eine Verallgemeinerung des RIEMANNschen Integralbegriffs eingeführt, die heute für weite Zweige der Mathematik von ungleich größerer Bedeutung als der enge RIEMANNsche Integralbegriff ist. Der ursprünglich von LEBESGUE eingeschlagene Weg für die Definition seines Integrals erfordert umfangreiche Vorbereitungen und zahlreiche Hilfsbegriffe. Wir führen hier in Anlehnung an DANIELL einen anderen Aufbau durch. In Abwandlung der in vielen Lehrbüchern zu findenden Darstellung vermeiden wir bei unserer Konstruktion zunächst den Begriff der „Menge vom Maße Null" in expliziter Form, da er erfahrungsgemäß anfänglich erhebliche Schwierigkeiten bereitet, und stützen uns ausschließlich auf den nachfolgenden Begriff, den wir nach BEPPO LEVI benennen.

Definition 1: Es sei J ein Integral auf $\mathscr{E}$. Eine isotone Folge von J-integrierbaren Funktionen f_n heißt eine LEVI-*Folge* (bezüglich J), wenn die Folge ihrer Integrale $J(f_n)$ (nach oben) beschränkt ist. Da jede LEVI-Folge (f_n) isoton ist, existiert in $\boldsymbol{R}^a$ stets der Grenzwert $F(x)$ der Folge $\big(f_n(x)\big)$. Wir nennen die Grenzfunktion F einer LEVI-Folge auch eine LEVI-*Funktion*. Sie kann den Wert ∞ aber nicht $-\infty$ annehmen (Abb. 4). Die Folge der Integrale $J(f_n)$ besitzt im Gegensatz zur Folge (f_n) als isotone und beschränkte Folge stets einen endlichen Grenzwert, nämlich $J^*(F)$. Umgekehrt ist jede $\mathscr{E}^\sigma$-Funktion F mit $J^*(F) < \infty$ eine LEVI-Funktion.

Das Wesen des neuen Integralbegriffs beruht in einer Verschärfung der als „Stetigkeit von unten" bezeichneten Forderung. Sie besagte, daß aus der Integrierbarkeit von f, f_n und aus $f_n \uparrow f$ stets $J(f_n) \uparrow J(f)$ folgt. Wegen $J(f_n) \leqq J(f) < \infty$ folgt aus diesen Voraussetzungen, daß (f_n) eine eigentlich konvergente LEVI-Folge ist. Umgekehrt braucht aber die Grenzfunktion f einer eigentlich konvergenten LEVI-Folge (f_n) nicht zum System der integrierbaren Funktionen zu gehören. Ein wesentliches Ziel der LEBESGUEschen Integrationstheorie besteht gerade darin, zu erreichen, daß aus den genannten Voraussetzungen stets die Integrierbarkeit der Grenzfunktion f folgt. Der Nachweis dieser Eigenschaft (in Verbindung mit der Stetigkeit von unten) für ein konkretes Integral wird gewöhnlich als *Satz von* BEPPO LEVI bezeichnet. Bei uns dient diese Eigenschaft zur axiomatischen Charakterisierung des neuen Integralbegriffs.

Definition 2: Ein Integral heißt ein *L-Integral*, wenn die Grenzfunktion einer jeden eigentlich konvergenten LEVI-Folge im System der integrierbaren Funktionen enthalten ist.

Gleichbedeutend hiermit ist natürlich, daß jede endliche LEVI-Funktion integrierbar ist.

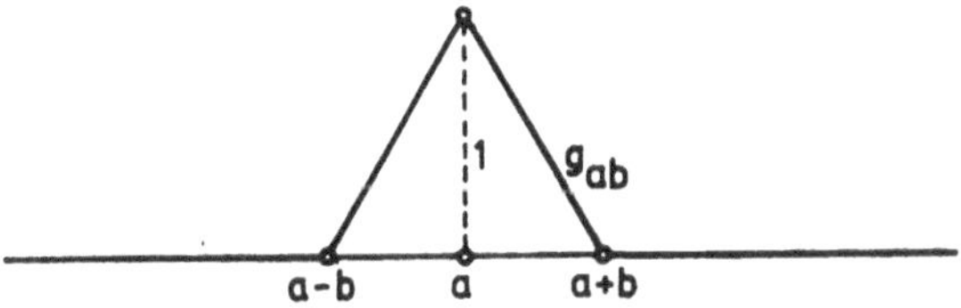

Abb. 5

Erfüllt ein Integral die Forderung von Definition 2, so bevorzugen wir den Buchstaben $\mathscr{L}$ (= LEBESGUE-integrierbare Funktionen) als Bezeichnung für den Vektorverband der integrierbaren Funktionen an Stelle der früheren Bezeichnung $\mathscr{E}$ (= elementare Funktionen). Ist J ein L-Integral auf einem Vektorverband $\mathscr{L}$, so bezeichnen wir das Tripel $(X, \mathscr{L}, J)$ als einen *Integrationsraum*.

Wie unsere weiteren Betrachtungen zeigen, können wir die in Definition 2 gestellten Forderungen noch verschärfen. Wir führen für jedes Integral J auf $\mathscr{E}$ neben den endlichen LEVI-Funktionen das System aller endlichen Funktionen φ ein, die sich nur in den Divergenzpunkten vom Grenzwert einer LEVI-Folge (f_n) unterscheiden.

Am Beispiel des Integrals $J^{(1)}$ auf $\mathscr{E}^{(1)}$ wollen wir uns klarmachen, daß derartige Funktionen auch extrem unstetig sein können. Die Funktion g_{ab} sei für alle $a, b \in \boldsymbol{R}$ mit $b > 0$ gemäß Abb. 5 definiert. Es ist stets $g_{ab}(a) = 1$ und $J^{(1)}(g_{ab}) = b$. Wir wählen eine beliebige Folge reeller Zahlen a_j und setzen

$$f_n := \sum_{i=1}^{n} \sum_{k=1}^{n} g_{a_k, 2^{-i-k}}, \; F := \lim_{n\to\infty} f_n.$$

Aus der Additivität des Integrals folgt

$$J^{(1)}(f_n) = \sum_{i=1}^{n} \sum_{k=1}^{n} \frac{1}{2^{i+k}} = \sum_{i=1}^{n} \frac{1}{2^i} \sum_{k=1}^{n} \frac{1}{2^k} < 1,$$

und zusammen mit der Isotonie besagt dies, daß (f_n) eine LEVI-Folge ist.

Für $n \geqq j$ gilt, wenn wir $g_{ab}(a) = 1$ beachten,

$$f_n(a_j) \geqq \sum_{k=1}^{n} 1 = n,$$

und folglich divergiert die Folge $\big(f_n(x)\big)$ für $x = a_0, a_1, \ldots$, d. h., es ist $F(a_j) = \lim\limits_{n\to\infty} f_n(a_j) = \infty$ $(j \in \boldsymbol{N})$. Wählen wir die Folge (a_j) derart, daß sie alle rationalen Zahlen durchläuft, so haben wir in F eine Funktion gefunden, die in einer überall dichten Punktmenge den Wert ∞ annimmt. Jede Funktion φ, die in allen Endlichkeitspunkten von F mit F übereinstimmt und in allen Unendlichkeitspunkten von F einen ganz beliebigen endlichen Wert annimmt, gehört zu dem betrachteten Typ. Es ist eines der erstaunlichsten Ergebnisse der LEBESGUEschen Integrationstheorie, daß ein Integral mit den geforderten Eigenschaften auf einem Vektorverband definiert werden kann, der auch solche extrem unstetigen Funktionen umfaßt.

In Verallgemeinerung von Definition 2 geben wir die

Definition 3: Ein L-Integral J heißt ein *vollständiges L-Integral*, wenn jede endliche Funktion φ, die sich vom Grenzwert einer Levi-Folge nur in deren Divergenzpunkten unterscheidet, J-integrierbar ist.[1])

Wir stellen uns die Aufgabe, ein gegebenes Integral J auf $\mathscr{E}$ zu einem vollständigen L-Integral fortzusetzen, d. h. ein Funktionensystem $\tilde{\mathscr{E}}$ zu finden, auf dem ein Integral $\tilde{J}$ mit folgenden Eigenschaften definiert werden kann.

(a) $\tilde{J}$ ist eine Fortsetzung von J, d. h., es ist $\mathscr{E} \subseteq \tilde{\mathscr{E}}$, und für alle $f \in \mathscr{E}$ ist $\tilde{J}(f) = J(f)$.

(b) $\tilde{J}$ ist ein vollständiges L-Integral, d. h., jede endliche Funktion φ, die sich vom Grenzwert einer Levi-Folge nur in deren Divergenzpunkten unterscheidet, ist $\tilde{J}$-integrierbar.

Wir nennen eine Fortsetzung eines Integrals J zu einem vollständigen L-Integral $\tilde{J}$ auf $\tilde{\mathscr{E}}$ *minimal*, wenn es keine Fortsetzung von J zu einem vollständigen L-Integral gibt, die auf einer echten Teilmenge von $\tilde{\mathscr{E}}$ definiert ist. Nun können wir den Hauptsatz dieses Abschnitts formulieren.

Theorem: *Jedes Integral besitzt genau eine minimale Fortsetzung zu einem vollständigen L-Integral.*

Den Beweis dieses Theorems führen wir in Teilschritten. Zuerst führen wir das folgende Funktionensystem ein.

Definition 4: Es sei $L(X, \mathscr{E}, J)$ oder kürzer $L(J)$ das System aller auf der Grundmenge definierten endlichen Funktionen φ, zu denen Levi-Folgen (f_n), (g_n) bezüglich J mit

$$\varphi + \lim_{n\to\infty} g_n = \lim_{n\to\infty} f_n \tag{1}$$

existieren. Wir können nicht einfach

$$\varphi = \lim_{n\to\infty} (f_n - g_n)$$

schreiben, weil die Folgen (f_n), (g_n) nicht in allen Punkten $x \in X$ einen Grenzwert in $\boldsymbol{R}$ besitzen müssen. Abgesehen

[1]) Die Menge dieser Divergenzpunkte bildet eine sogenannte „Menge vom Maße Null", vgl. 3.3., Satz 8.

von diesen Divergenzpunkten ist aber φ der Grenzwert der Folge $(f_n - g_n)$. Entsprechend der Definition der LEVI-Funktion können wir auch sagen, daß $\varphi \in L(J)$ ist genau dann, wenn es LEVI-Funktionen F, G mit $\varphi + G = F$ gibt. Jede endliche LEVI-Funktion ist in $L(J)$ enthalten. Speziell gilt natürlich $\mathscr{E} \subseteq L(J)$.

Die folgenden Sätze erhellen die Bedeutung des Systems $L(J)$.

Satz 1: *Ist $\tilde{J}$ eine Fortsetzung von J zu einem vollständigen L-Integral auf einem Vektorverband $\tilde{\mathscr{E}} \supseteq \mathscr{E}$, so ist jede Funktion $\varphi \in L(J)$ $\tilde{J}$-integrierbar, d. h., es gilt $\mathscr{E} \subseteq L(J) \subseteq \tilde{\mathscr{E}}$.*

Beweis: Es gelte (1). Wir wählen eine endliche Funktion g, die in allen Konvergenzpunkten von (g_n) mit dem Grenzwert dieser Folge übereinstimmt, und setzen $f := \varphi + g$. Da (f_n) und (g_n) dieselben Divergenzpunkte haben, stimmt auch f wegen (1) in allen Konvergenzpunkten der Folge (f_n) mit deren Grenzwert überein. Nach Definition 3 haben wir $f, g \in \tilde{\mathscr{E}}$, woraus $\varphi = f - g \in \tilde{\mathscr{E}}$ folgt. Damit ist Satz 1 bewiesen.

Satz 2: *Das System $L(J)$ bildet einen Vektorverband.*

Beweis: Es sei $\varphi, \varphi' \in L(J)$ und $t \geqq 0$. Wir wählen LEVI-Funktionen F, G, F', G' mit $\varphi + G = F$, $\varphi' + G' = F'$. Es folgt

$$-\varphi + F = G, \tag{2}$$

$$t\varphi + tG = tF, \tag{3}$$

$$(\varphi + \varphi') + (G + G') = F + F', \tag{4}$$

$$\varphi \cap 0 + G = (\varphi + G) \cap G = F \cap G,$$

und da offensichtlich $tF, tG, F + F', G + G', F \cap G$ LEVI-Funktionen sind, haben wir $-\varphi$, $t\varphi$, $\varphi + \varphi'$, $\varphi \cap 0 \in L(J)$ nachgewiesen. Daher ist auch $\lambda\varphi$ $(\lambda \in \boldsymbol{R})$ sowie $\varphi^- = -(\varphi \cap 0)$ und $\varphi^+ = (-\varphi)^-$ in $L(J)$ enthalten, und Satz 2 ist bewiesen.

Satz 3: *Es gibt höchstens eine Fortsetzung $\tilde{J}$ von J zu einem Integral auf einem Vektorverband $\tilde{\mathscr{E}}$ mit $\mathscr{E} \subseteq \tilde{\mathscr{E}} \subseteq L(J)$.*

Beweis: Zu $\varphi \in \tilde{\mathscr{E}} \subseteq L(J)$ gibt es Levi-Folgen (f_n), (g_n) bezüglich J mit (1), und hiernach haben die isotonen Folgen $(\varphi + g_n)$, (f_n) dieselben Grenzwerte. Wir wenden 2.1., Satz 6, auf eine beliebige auf $\tilde{\mathscr{E}}$ definierte Fortsetzung von J zu einem Integral $\tilde{J}$ an und erhalten

$$\tilde{J}(\varphi) + \lim_{n\to\infty} J(g_n) = \lim_{n\to\infty} \tilde{J}(\varphi + g_n) = \lim_{n\to\infty} J(f_n),$$

was mit

$$\tilde{J}(\varphi) = \lim_{n\to\infty} J(f_n - g_n) \tag{5}$$

gleichbedeutend ist. Somit ist $\tilde{J}$ durch J eindeutig bestimmt.

Nunmehr schreiten wir zum Beweis der Existenz eines Integrals mit den geforderten Eigenschaften, für das wir die Bezeichnung J_L wählen wollen. Durch (5) haben wir erfahren, wie das Integral J_L auf $L(J)$, falls es überhaupt existiert, definiert werden muß, nämlich durch

$$J_L(\varphi) := \lim_{n\to\infty} J(f_n - g_n), \tag{6}$$

wobei $\varphi \in L(J)$ ist und (f_n), (g_n) Levi-Folgen sind, die (1) erfüllen. Zum Beweis der Unabhängigkeit dieser Definition von der Wahl der Levi-Folgen bemerken wir, daß (6) mit

$$J_L(\varphi) = J^*(F) - J^*(G) \qquad (\varphi + G = F) \tag{7}$$

äquivalent ist. Dabei sind F, G Levi-Funktionen, nämlich die Grenzwerte der Folgen (f_n), (g_n). Sind auch F', G' Levi-Funktionen mit $\varphi + G' = F'$, so ist

$$F + G' = \varphi + G + G' = F' + G,$$

woraus wir

$$J^*(F) + J^*(G') = J^*(F') + J^*(G),$$
$$J^*(F) - J^*(G) = J^*(F') - J^*(G')$$

ablesen. Damit ist der Beweis der Unabhängigkeit der Definition erbracht. Den letzten Beweisteil für unser Theorem stützen wir auf

Satz 4: *Zu jeder isotonen Folge von Funktionen* $\varphi_n \in L(J)$ *und zu jedem* $\varepsilon > 0$ *gibt es* $\mathcal{E}^\sigma$*-Funktionen* F, G *mit* $G \geqq 0$, $J^*(G) < \varepsilon$,

$$\lim_{n\to\infty} \varphi_n + G = F \tag{8}$$

und

$$\lim_{n\to\infty} J_L(\varphi_n) = J^*(F) - J^*(G). \tag{9}$$

Beweis: Es sei zuerst $\varphi \in L(J)$. Wir wählen LEVI-Funktionen F', G' mit $\varphi + G' = F'$ und Funktionen $g_n \in \mathcal{E}$ mit $g_n \uparrow G'$, also $J(g_n) \uparrow J^*(G')$. Gemäß 2.2. (8) ist, falls n hinreichend groß ist, $J^*(G' - g_n) = J^*(G') - J(g_n) < \varepsilon$, und mit $G: = G' - g_n$, $F: = F' - g_n$ haben wir $G \geqq 0$, $J^*(G) < \varepsilon$ und $\varphi + G = F$.

Es sei nun $\varphi_n \in L\ (J)$, und es gelte $\varphi_n \uparrow \varphi$. Wir wählen auf Grund des bereits Bewiesenen $\mathcal{E}^\sigma$-Funktionen $F_n{}'$, $G_n{}'$ mit $G_n{}' \geqq 0$, $J^*(G_n{}') < \frac{\varepsilon}{2^{n+1}}$ und $\varphi_n + G_n{}' = F_n{}'$. Weiterhin führen wir die $\mathcal{E}^\sigma$-Funktionen

$$G_n: = \sum_{k\neq n} G_k{}',\ G: = \sum_{k=0}^{\infty} G_k{}' = G_n{}' + G_n,\ F_n = G_n + F_n{}'$$

ein. Wegen

$$J^*(G_n) \leqq J^*(G) = \sum_{k=0}^{\infty} J^*(G_k{}') < \sum_{k=0}^{\infty} \frac{\varepsilon}{2^{k+1}} = \varepsilon$$

sind die Funktionen G, G_n, F_n LEVI-Funktionen. Aus

$$\varphi_n + G = \varphi_n + G_n{}' + G_n = F_n{}' + G_n = F_n$$

folgt

$$J_L(\varphi_n) = J^*(F_n) - J^*(G).$$

Mit (φ_n) ist auch (F_n) isoton, und es gibt eine $\mathcal{E}^\sigma$-Funktion F mit $F_n \uparrow F$, also

$$\lim_{n\to\infty} J_L(\varphi_n) = \lim_{n\to\infty} J^*(F_n) - J^*(G) = J^*(F) - J^*(G).$$

Damit ist Satz 4 bewiesen.

Satz 5: *Das Funktional J_L ist ein vollständiges L-Integral auf dem Vektorverband $L(J)$.*

Beweis: Es sei φ, φ' $L(J)$. Wir wählen Levi-Funktionen F, G, F', G' mit $\varphi + G = F$, $\varphi' + G' = F'$. Nach (2), (3), (4) ist

$$\begin{aligned} J_L(-\varphi) &= J^*(G) - J^*(F) = -J_L(\varphi), \\ J_L(t\varphi) &= J^*(tF) - J^*(tG) = t\big(J^*(F) - J^*(G)\big) \\ &= tJ_L(\varphi) \quad (t \geqq 0) \\ J_L(\varphi + \varphi') &= J^*(F + F') - J^*(G + G') \\ &= J^*(F) - J^*(G) + J^*(F') - J^*(G') \\ &= J_L(\varphi) + J_L(\varphi'), \end{aligned}$$

womit die Linearität von J_L bewiesen ist. Ist noch $\varphi \geqq 0$, so ist $F = \varphi + G \geqq G$, und nach 2.2., Satz 2, ist $J_L(\varphi) = J^*(F) - J^*(G) \geqq 0$, d. h., J_L ist positiv.

Es sei nun (φ_n) eine isotone Folge von Funktionen aus $L(J)$ mit $J_L(\varphi_n) \leqq K < \infty$. Ferner sei φ eine endliche Funktion, die sich von der Grenzfunktion φ^* der Folge (φ_n) nur in deren Unendlichkeitspunkten unterscheidet, woraus offensichtlich

$$\varphi + \varphi^* = 2\varphi^* \tag{10}$$

folgt. Wir wählen zu (φ_n) gemäß Satz 4 $\mathscr{E}^\sigma$-Funktionen F, G mit $G \geqq 0$, $J^*(G) < \varepsilon$, $\varphi^* + G = F$ und

$$J^*(F) - J^*(G) = \lim_{n\to\infty} J_L(\varphi_n) \leqq K.$$

Hieraus erkennen wir, daß F, G Levi-Funktionen sind. Wegen

$$\varphi + (F + G) = \varphi + \varphi^* + 2G = 2(\varphi^* + G) = 2F$$

ist $\varphi \in L(J)$ und

$$\begin{aligned} J_L(\varphi) &= J^*(2F) - J^*(F + G) = J^*(F) - J^*(G) \\ &= \lim_{n\to\infty} J_L(\varphi_n). \end{aligned}$$

Gilt sogar $\varphi = \varphi^*$, so besagt dies Ergebnis, daß J_L stetig von unten, also ein Integral ist. Im allgemeineren Falle besagt die bewiesene Aussage $\varphi \in L(J)$, daß J_L gemäß Definition 3 sogar ein vollständiges L-Integral ist.

Die Minimalität von $L(J)$ und die Eindeutigkeit von J_L wurden bereits oben gezeigt, und unser Theorem ist vollständig bewiesen. Wir nennen J_L das von J bzw. $(X, \mathcal{E}, J)$ *erzeugte vollständige L-Integral*. Das vom Integral $J^{(1)}$ auf $\mathcal{E}^{(1)}$ erzeugte vollständige L-Integral heißt das *eindimensionale* LEBESGUE*sche Integral*. Wir werden es in 3.1. genauer untersuchen.

2.4. Grenzwertsätze für L-Integrale

In diesem Abschnitt sei $(X, \mathcal{L}, J)$ ein Integrationsraum. Für $\varphi \in \mathcal{L}$ setzen wir

$$\int \varphi(x)\,\mathrm{d}x = \int \varphi(x)\,\mathrm{d}J(x) := J(\varphi),$$

und nennen jede Funktion $\varphi \in \mathcal{L}$ *(J-)integrierbar*. Mit $\mathcal{L}_+$ bezeichnen wir das System der nichtnegativen integrierbaren Funktionen. Für die Funktionen φ aus der isotonen Hülle $\mathcal{L}^\sigma$ von $\mathcal{L}$ kann gemäß 2.2. ein verallgemeinertes Integral

$$\int \varphi(x)\,\mathrm{d}x := \lim_{n\to\infty} \int \varphi_n(x)\,\mathrm{d}x \qquad (\varphi_n \in \mathcal{L},\ \varphi_n \uparrow \varphi) \tag{1}$$

definiert werden. Wir verweisen auf die in 2.2. bewiesenen Eigenschaften dieses verallgemeinerten Integrals. Insbesondere erinnern wir an die σ-Additivität

$$\int \sum_{k=0}^{\infty} \varphi_k(x)\,\mathrm{d}x = \sum_{k=0}^{\infty} \int \varphi_k(x)\,\mathrm{d}x \qquad (\varphi_k \in \mathcal{L}^\sigma,\ \varphi_k \geqq 0)$$

und an die Stetigkeit von unten.

Ein Hauptanliegen dieses Abschnitts ist die Untersuchung der Frage, unter welchen Bedingungen die

Grenzfunktion φ einer (punktweise) konvergenten Folge integrierbarer Funktionen φ_n wieder integrierbar ist, und ob Grenzübergang und Integration gemäß

$$\int \lim_{n\to\infty} \varphi_n(x)\, dx = \lim_{n\to\infty} \int \varphi_n(x)\, dx \tag{2}$$

vertauschbare Prozesse sind.

Der erste einschlägige Satz ist die folgende verallgemeinerte Fassung des Satzes von BEPPO LEVI.

Satz 1: *Ist die Folge der Integrale einer eigentlich konvergenten monotonen Folge integrierbarer Funktionen φ_n beschränkt, so ist die Grenzfunktion φ integrierbar, und Limesbildung und Integration sind vertauschbar.*

Beweis: Die Funktion φ ist im Falle einer isotonen Folge eine endliche LEVI-Funktion und damit integrierbar. Die Behauptung (2) folgt aus der Stetigkeit des Integrals von unten. Im Falle einer antitonen Folge (φ_n) gilt Entsprechendes für $(-\varphi_n)$ und $-\varphi$, und hieraus folgt leicht die Behauptung.

Speziell ist der Grenzwert einer jeden antitonen Folge nichtnegativer integrierbarer Funktionen integrierbar.

Die weiteren Grenzwertbetrachtungen gestalten sich übersichtlicher, wenn wir das System aller Grenzwerte von Folgen integrierbarer Funktionen einführen.

Definition 1: Eine numerische Funktion φ heißt ($\mathcal{L}$-) *meßbar*, wenn es eine Folge integrierbarer Funktionen φ_n gibt, die punktweise gegen φ konvergiert.

Mit zwei Funktionen φ, ψ sind offensichtlich auch die Funktionen φ^+, φ^-, $|\varphi|$, $\varphi \cup \psi$, $\varphi \cap \psi$ und — falls definiert — auch $\varphi + \psi$ meßbar. Wir brauchen nur Funktionen $\varphi_n, \psi_n \in \mathcal{L}$ mit $\varphi_n \to \varphi$ und $\psi_n \to \psi$ zu wählen und die Grenzübergänge für die entsprechenden Bildungen mit φ_n und ψ_n auszuführen. Eine Funktion φ ist meßbar genau dann, wenn ihr positiver und negativer Teil meßbar sind. Das System aller endlichen meßbaren Funktionen bildet einen Vektorverband.

Satz 2: *Zu jeder nichtnegativen meßbaren Funktion φ gibt es eine Folge nichtnegativer integrierbarer Funktionen, die isoton gegen φ konvergiert.*

Beweis: Es gibt Funktionen $\varphi_n \in \mathcal{L}$ mit $\varphi_n \to \varphi$. Wegen $\varphi \geqq 0$ gilt auch $\varphi_n^+ \to \varphi$, so daß wir $\varphi_n \geqq 0$ fordern können. Für jedes n sind die Funktionen

$$\varphi_n' := \bigcap_{k=n}^{\infty} \varphi_k \tag{3}$$

als Grenzwerte der antitonen Folgen $(\varphi_n \cap \cdots \cap \varphi_{n+p})$ integrierbar. Nach 1.1. (6) gilt $\varphi'_n \uparrow \varphi$, und Satz 2 ist bewiesen.

Hiernach liegt jede nichtnegative meßbare Funktion in der isotonen Hülle von $\mathcal{L}$, und durch (1) wird jeder solchen Funktion ein verallgemeinertes Integral zugeordnet. Allerdings kann nicht allen meßbaren Funktionen φ ein Integral zugeordnet werden. Ist aber wenigstens eines der Integrale der Funktionen φ^+, φ^- endlich, so setzt man

$$\int \varphi(x)\, \mathrm{d}x := \int \varphi^+(x)\, \mathrm{d}x - \int \varphi^-(x)\, \mathrm{d}x \tag{4}$$

und sagt, das Integral der meßbaren Funktion φ *existiere*. Die Definition (4) steht im Falle $\varphi \in \mathcal{L}^\sigma$ im Einklang mit der Definition (1). In der Tat folgt aus $\varphi_n \in \mathcal{L}$ und $\varphi_n \uparrow \varphi$ stets $\varphi_n^+ \uparrow \varphi^+$ und $\varphi_n^- \downarrow \varphi^-$. Dann ist aber $\varphi^- \in \mathcal{L}$ und

$$\lim_{n\to\infty} \int \varphi_n(x)\, \mathrm{d}x = \lim_{n\to\infty} \left[\int \varphi_n^+(x)\, \mathrm{d}x - \int \varphi_n^-(x)\, \mathrm{d}x\right]$$

$$= \int \varphi^+(x)\, \mathrm{d}x - \int \varphi^-(x)\, \mathrm{d}x,$$

so daß die Definitionen (1), (4) zum gleichen Ergebnis führen.

Satz 3: *Jede endliche meßbare Funktion φ mit $\int |\varphi(x)|\, \mathrm{d}x < \infty$ ist integrierbar.*

Beweis: Wir wählen integrierbare Funktionen φ_n', φ_n'' mit $\varphi_n' \uparrow \varphi^+, \varphi_n'' \uparrow \varphi^-$. Wegen $\varphi^+, \varphi^- \leqq |\varphi|$ sind (φ_n'), (φ_n'') eigentlich konvergente Levi-Folgen und ihre Grenzfunktionen φ^+, φ^-, also auch $\varphi = \varphi^+ - \varphi^-$ liegen in $\mathscr{L}$.

Satz 4: *Der Limes superior und der Limes inferior einer jeden Folge meßbarer Funktionen sind meßbar.*

Beweis: Auf Grund der Definition dieser Limites genügt es zu zeigen, daß $\bigcup\limits_{n=0}^{\infty} \varphi_n$ und $\bigcap\limits_{n=0}^{\infty} \varphi_n$ stets meßbar sind. Der zweite Fall läßt sich auf den ersten zurückführen, denn es ist

$$\bigcap_{n=0}^{\infty} \varphi_n = -\bigcup_{n=0}^{\infty} (-\varphi_n). \tag{5}$$

Da mit φ_k stets $\varphi_0 \cup \cdots \cup \varphi_n$ meßbar ist, brauchen wir sogar nur isotone Folgen meßbarer Funktionen φ_n ins Auge zu fassen. Es gelte also $\varphi_n \uparrow \varphi$, woraus $\varphi_n^+ \uparrow \varphi^+$, $\varphi_n^- \downarrow \varphi^-$ folgt. Die Meßbarkeit von φ^+ folgt aus $\varphi_n^+ \in \mathscr{L}^\sigma$ und 2.2., Satz 1, so daß nur noch zu zeigen ist, daß aus der Meßbarkeit von $\varphi_n \geqq 0$ und $\varphi_n \downarrow \varphi$ die Meßbarkeit von φ folgt. Hierzu wählen wir nichtnegative Funktionen $\psi_k \in \mathscr{L}$ mit $\psi_k \uparrow \varphi_0$. Die Funktionen $\psi_k \cap \varphi_n$ liegen wegen $0 \leqq \psi_k \cap \varphi_n \leqq \psi_k$ und Satz 3 in $\mathscr{L}_+$, und aus $\psi_k \cap \varphi_n \downarrow \psi_k \cap \varphi$ für $n \to \infty$ und Satz 1 folgt $\psi_k \cap \varphi \in \mathscr{L}$. Schließlich haben wir $\psi_k \cap \varphi \uparrow \varphi_0 \cap \varphi$, und $\varphi = \varphi_0 \cap \varphi$ ist meßbar.

Der hiermit bewiesene Satz zeigt, daß das System der meßbaren Funktionen nicht nur gegenüber den oben aufgezählten Operationen sondern auch gegenüber Grenzwertbildungen im Sinne der punktweisen Konvergenz in $\boldsymbol{R}^a$ abgeschlossen ist. In diesen Eigenschaften beruht die Bedeutung dieses Systems für die Integrationstheorie. Man kann es geradezu durch diese Eigenschaften charakterisieren, und zwar ist es das kleinste Funktionensystem $\mathscr{M}$ mit folgenden Eigenschaften:

a) $\mathscr{L} \subseteq \mathscr{M}$.

b) Aus $\varphi, \psi \in \mathcal{M}$ folgt $\lambda\varphi \in \mathcal{M}$ und, falls $\varphi + \psi$ definiert ist, auch $\varphi + \psi \in \mathcal{M}$.

c) Aus $\varphi_n \in \mathcal{M}$ folgt $\bigcup_{n=0}^{\infty} \varphi_n \in \mathcal{M}$.

In der Tat hat das System $\mathcal{M}(\mathcal{L})$ aller $\mathcal{L}$-meßbaren Funktionen diese drei Eigenschaften. Es sei umgekehrt $\mathcal{M}$ ein beliebiges System mit diesen Eigenschaften. Dann sind wegen c) und (5) auch Limes superior und Limes inferior, speziell also alle Grenzwerte von Funktionenfolgen aus $\mathcal{L}$ in $\mathcal{M}$ enthalten. Jedes System mit den genannten Eigenschaften enthält also alle $\mathcal{L}$-meßbaren Funktionen, und $\mathcal{M}(\mathcal{L})$ ist das kleinste System mit den geforderten Eigenschaften.

Der nachfolgende Satz heißt das *Lemma von* Fatou.

Satz 5: *Für jede Folge nichtnegativer integrierbarer Funktionen φ_n gilt*

$$\int \varliminf_{n\to\infty} \varphi_n(x)\, dx \leqq \varliminf_{n\to\infty} \int \varphi_n(x)\, dx.$$

Beweis: Es sei $\varphi := \varliminf \varphi_n$, und φ_n' sei durch (3) definiert. Dann gilt $\varphi_n' \uparrow \varphi$ und $\varphi_n' \leqq \varphi_n$, also

$$\int \varphi(x)\, dx = \lim_{n\to\infty} \int \varphi_n'(x)\, dx \leqq \varliminf_{n\to\infty} \int \varphi_n(x)\, dx.$$

Wir nennen eine Funktion ψ eine *Majorante* bzw. *Minorante* einer Folge von Funktionen φ_n, wenn stets $\varphi_n \leqq \psi$ bzw. $\varphi_n \geqq \psi$ gilt. Ist sogar $|\varphi_n| \leqq \psi$, so heißt ψ eine *absolute Majorante* von (φ_n). Mit dieser Begriffsbildung leiten wir ein Kriterium für die Vertauschbarkeit von Limesbildung und Integration von geradezu klassischer Einfachheit her. Der *Satz von* Lebesgue *über die majorisierte Konvergenz* lautet:

Satz 6: *Besitzt eine (punktweise) konvergente Folge integrierbarer Funktionen φ_n eine integrierbare absolute*

Majorante ψ, so ist die Grenzfunktion φ der Folge integrierbar, und Limesbildung und Integration sind vertauschbar.

Beweis: Es ist $|\varphi| \leqq \psi$, und die meßbare Funktion φ ist nach Satz 3 integrierbar. Wir wenden das Lemma von FATOU auf die Folgen der nichtnegativen Funktionen $\psi - \varphi_n$, $\psi + \varphi_n$ an und erhalten

$$\begin{aligned}\int \psi(x)\,dx - \int \varphi(x)\,dx &= \int \lim_{n\to\infty} \bigl(\psi(x) - \varphi_n(x)\bigr)\,dx \\ &\leqq \varliminf_{n\to\infty} \left[\int \psi(x)\,dx - \int \varphi_n(x)\,dx\right] \\ &= \int \psi(x)\,dx - \varlimsup_{n\to\infty} \int \varphi_n(x)\,dx,\end{aligned}$$

$$\int \psi(x)\,dx + \int \varphi(x)\,dx \leqq \int \psi(x)\,dx + \varliminf_{n\to\infty} \int \varphi_n(x)\,dx.$$

Eine Zusammenfassung der erhaltenen Ungleichungen liefert

$$\varlimsup \int \varphi_n(x)\,dx \leqq \int \varphi(x)\,dx \leqq \varliminf \int \varphi_n(x)\,dx.$$

Dies ist nur möglich, wenn die Folge der Integrale konvergiert und mit dem Integral von φ übereinstimmt.

Der Satz von LEBESGUE bleibt unverändert für komplexwertige Funktionen gültig. In der Tat, es sei $\varphi_n = \varphi_n' + i\varphi_n''$, wobei φ_n' und φ_n'' reellwertige integrierbare Funktionen sind, und es gelte $\varphi_n \to \varphi = \varphi' + i\varphi''$, also $\varphi_n' \to \varphi'$ und $\varphi_n'' \to \varphi''$. Besitzt (φ_n) eine integrierbare absolute Majorante ψ, d. h., ist stets $|\varphi_n| \leqq \psi$, so ist erst recht $|\varphi_n'|$, $|\varphi_n''| \leqq \psi$, und folglich sind φ', φ'', also auch $\varphi = \varphi' + i\varphi''$ integrierbar.

Wir wollen jetzt auch Integrale über Teilmengen A der Grundmenge X einführen. Ist die Funktion $\varphi\chi_A$ integrierbar bzw. existiert das Integral der meßbaren Funktion $\varphi\chi_A$, so setzen wir

$$\int_A \varphi(x)\,dx := \int \varphi(x)\,\chi_A(x)\,dx$$

und sagen, die Funktion φ sei *über A integrierbar* bzw. die Funktion φ sei *über A meßbar* und das Integral dieser Funktion *über A existiere*. Diese Definition bleibt auch dann sinnvoll, wenn die Funktion φ nicht überall auf X, aber mindestens auf A definiert ist; in diesem Fall hat man in der Definition unter $\varphi\chi_A$ die überall auf X definierte Funktion zu verstehen, die auf A mit φ übereinstimmt und außerhalb von A verschwindet.

Definition 2: Eine Menge $A \subseteq X$ heißt ein *Integrationsbereich*, wenn jede integrierbare Funktion φ über die Menge A integrierbar ist.

Nach Definition ist A ein Integrationsbereich genau dann, wenn aus $\varphi \in \mathcal{L}$ stets $\varphi\chi_A \in \mathcal{L}$ folgt. Offensichtlich ist dies bereits dann der Fall, wenn aus $\varphi \in \mathcal{L}_+$ stets $\varphi\chi_A \in \mathcal{L}_+$ folgt. Ist A ein Integrationsbereich und φ meßbar, so ist auch $\varphi\chi_A$ meßbar, denn aus $\varphi_n \in \mathcal{L}$, $\varphi_n \to \varphi$ folgt $\varphi_n\chi_A \in \mathcal{L}$ und $\varphi_n\chi_A \to \varphi\chi_A$.

Jeder Integrationsbereich A gibt Anlaß zur Konstruktion eines neuen Integrationsraums $(A, \mathcal{L}(A), J^A)$. Dabei ist $\mathcal{L}(A)$ das System aller auf A definierten und über A integrierbaren Funktionen φ, und J^A ist durch

$$J^A(\varphi) := \int \varphi(x)\,\mathrm{d}x \tag{6}$$

definiert. Man überzeugt sich leicht, daß alle in der Definition des Integrationsraumes geforderten Eigenschaften erfüllt sind.

Mit $\mathfrak{A}(\mathcal{L})$ bezeichnen wir das System aller Integrationsbereiche. Mit A ist auch stets die Komplementärmenge $\bar{A}$ von A ein Integrationsbereich, denn für $\varphi \in \mathcal{L}$ ist $\varphi\chi_{\bar{A}} = \varphi - \varphi\chi_A \in \mathcal{L}$. Trivialerweise gilt $\emptyset \in \mathfrak{A}(\mathcal{L})$ sowie $X \in \mathfrak{A}(\mathcal{L})$. Sind A, B Integrationsbereiche, so folgt aus $\varphi \in \mathcal{L}$ stets $\varphi\chi_A \in \mathcal{L}$, also auch $\varphi\chi_A\chi_B = \varphi\chi_{A\cap B} \in \mathcal{L}$, d. h., auch $A \cap B$ ist ein Integrationsbereich. Das System $\mathfrak{A}(\mathcal{L})$ ist somit gegenüber der Komplementbildung und der Durchschnittsbildung zweier oder auch endlich vieler Mengen abgeschlossen. Entsprechendes gilt dann auch von der Vereinigungs- und Differenzmengenbildung. Darüber hinaus ist $\mathfrak{A}(\mathcal{L})$ gegenüber der Vereinigungs- und Durchschnittsbildung abzählbar vieler Mengen abgeschlossen. Es genügt das letztere zu beweisen. Aus $A_n \in \mathfrak{A}(\mathcal{L})$ und $\varphi \in \mathcal{L}_+$ folgt, wenn wir $A := \bigcap_{n=0}^{\infty} A_n$ setzen, $\varphi\chi_{A_0 \cap \cdots \cap A_n} \in \mathcal{L}_+$, und wegen $\varphi\chi_{A_0 \cap \cdots \cap A_n} \downarrow \varphi\chi_A$ ist $\varphi\chi_A \in \mathcal{L}_+$, d. h., es ist $A \in \mathfrak{A}(\mathcal{L})$.

Auf Grund der bewiesenen Eigenschaften bildet das System aller Integrationsbereiche eine sogenannte *σ-Algebra* (vgl. 5.2.).

Satz 7: *Sind die Funktionen φ, ψ meßbar, so ist die Menge $A := \{\varphi > \psi\}$ ein Integrationsbereich. Speziell ist jede Trägermenge $\{\varphi \neq 0\} = \{|\varphi| > 0\}$ einer meßbaren Funktion ein Integrationsbereich.*

Beweis: Es ist $\{\varphi > \psi\} = \{\varphi^+ > \psi^+\} \cup \{\varphi^- < \psi^-\}$ und folglich können wir $\varphi, \psi \geqq 0$ voraussetzen. Es sei zunächst $\psi = 0$. Für alle $\varphi' \in \mathcal{L}_+$ konvergiert die Folge der Funktionen $\varphi_n := \varphi' \cap (n\,\varphi)$ isoton gegen $\varphi'(x)$ für $x \in A$ und bleibt Null für $x \notin A$, d. h., es gilt $\varphi_n \uparrow \varphi'\chi_A$, woraus $\varphi'\chi_A \in \mathcal{L}$ wegen $0 \leqq \varphi'\chi_A \leqq \varphi'$ folgt. Somit ist A ein Integrationsbereich. Ist $\varphi \in \mathcal{L}_+$ und $\psi \geqq 0$ meßbar, so ist $\{\varphi > \psi\} = \{\varphi - \psi > 0\} = \{(\varphi - \psi)^+ > 0\}$ nach dem Bewiesenen ein Integrationsbereich. Sind schließlich $\varphi, \psi \geqq 0$ und meßbar, so wählen wir $\varphi_n \in \mathcal{L}_+$ mit $\varphi_n \uparrow \varphi$. Aus

$$\{\varphi > \psi\} = \bigcup_{n=0}^{\infty} \{\varphi_n > \psi\} \tag{7}$$

folgt $\{\varphi > \psi\} \in \mathfrak{A}(\mathcal{L})$, und Satz 7 ist bewiesen. Eine unmittelbare Folgerung ist, daß für zwei meßbare Funktionen φ, ψ auch $\{\varphi \geqq \psi\} = \overline{\{\varphi > \psi\}}$, $\{\varphi \neq \psi\} = \{\varphi > \psi\} \cup \{\psi > \varphi\}$ und $\{\varphi = \psi\} = \overline{\{\varphi \neq \psi\}}$ Integrationsbereiche sind. Von diesem Sachverhalt wird häufig Gebrauch gemacht, um Integrale über den ganzen Raum zu zerlegen und die Integrale einzeln abschätzen zu können.

Jedes L-Integral ist in folgendem Sinn *stetig bezüglich des Integrationsbereichs.*

Satz 8: *Sind A_n Integrationsbereiche und gilt $A_n \to A$, so ist A ein Integrationsbereich, und es ist*

$$\int_A \varphi(x)\,dx = \lim_{n\to\infty} \int_{A_n} \varphi(x)\,dx$$

für jede integrierbare Funktion φ.

Beweis: Nach Voraussetzung gilt $\chi_{A_n} \to \chi_A$, also auch $\varphi\chi_{A_n} \to \varphi\chi_A$ für alle $\varphi \in \mathcal{L}$. Auf Grund des Satzes von der majorisierten Konvergenz ist $\varphi\chi_A \in \mathcal{L}$, d. h., A ist ein Integrationsbereich, und es gilt

$$\lim_{n\to\infty} \int \varphi(x)\,\chi_{A_n}(x)\,dx = \int \varphi(x)\,\chi_A(x)\,dx,$$

was mit unserer Behauptung äquivalent ist.

Satz 9: *Sind A_n paarweise disjunkte Integrationsbereiche mit der Vereinigungsmenge A, so gilt*

$$\int_A \varphi(x)\,dx = \sum_{n=0}^{\infty} \int_{A_n} \varphi(x)\,dx \tag{8}$$

für jede über A meßbare Funktion φ, deren Integral über A existiert.

Beweis: Es sei zuerst $\varphi \geqq 0$, so daß

$$\int \varphi(x) \sum_{k=0}^{n} \chi_{A_k}(x)\,dx = \sum_{k=0}^{n} \int_{A_k} \varphi(x)\,dx$$

ist. Der Grenzübergang $n \to \infty$ liefert

$$\int \varphi(x)\,\chi_A(x)\,dx = \sum_{k=0}^{\infty} \int_{A_k} \varphi(x)\,dx.$$

Im allgemeinen Falle ist wenigstens eines der Integrale von φ^+ und φ^- über A endlich, und wir haben

$$\int_A \varphi(x)\,dx = \int_A \varphi^+(x)\,dx - \int_A \varphi^-(x)\,dx$$

$$= \sum_{k=0}^{\infty} \int_{A_k} \varphi^+(x)\,dx - \sum_{k=0}^{\infty} \int_{A_k} \varphi^-(x)\,dx.$$

Da eine der beiden Reihen konvergiert, können wir gliedweise subtrahieren und erhalten (8). Die hiermit bewiesene Eigenschaft bezeichnen wir als *σ-Additivität bezüglich des Integrationsbereichs*. Nur ein Spezialfall ist die *Additivität*

$$\int_{A \cup B} \varphi(x)\,\mathrm{d}x = \int_A \varphi(x)\,\mathrm{d}x + \int_B \varphi(x)\,\mathrm{d}x \quad (A \cap B = \emptyset), \qquad (9)$$

wobei A, B wieder Integrationsbereiche sind.

Satz 10: *Zu jeder meßbaren Funktion ψ gibt es eine (nichtnegative) integrierbare Funktion φ mit der gleichen Trägermenge.*

Beweis: Wir wählen $\psi_n \in \mathcal{L}_+$ mit $\psi_n \uparrow |\psi|$ und setzen

$$\varphi_0 := c_0\psi_0, \; \varphi_{n+1} := c_{n+1}\,\psi_{n+1}\,\chi_{\{\psi_0 \cdots \psi_n = 0\}}$$

mit noch zu bestimmenden positiven Konstanten c_n. Die Menge $\{\psi_0 \cdots \psi_n = 0\} = \{\psi_0 = 0\} \cap \cdots \cap \{\psi_n = 0\}$ ist ein Integrationsbereich, und folglich sind die Funktionen φ_n meßbar. Sie sind sogar integrierbar, denn es ist $0 \leqq \varphi_n \leqq c_n\psi_n$. Die Trägermengen der Funktionen φ_n sind paarweise disjunkt. Die Funktion $\varphi := \varphi_0 + \varphi_1 + \cdots$ ist daher überall endlich, und es ist $\varphi(x) \neq 0$ genau dann, wenn $\psi(x) \neq 0$ ist. Es ist

$$0 \leqq \int \varphi(x)\,\mathrm{d}x = \sum_{n=0}^{\infty} \int \varphi_n(x)\,\mathrm{d}x \leqq \sum_{n=0}^{\infty} c_n \int \psi_n(x)\,\mathrm{d}x,$$

und wir können die Konstanten $c_n > 0$ so wählen, daß die Reihen konvergieren. Dann ist $\varphi \in \mathcal{L}_+$, und Satz 10 ist bewiesen.

Der Begriff der Vollständigkeit eines L-Integrals kann auch anders als in 2.3., Definition 3, charakterisiert werden.

Satz 11: *Ein Integrationsraum $(X, \mathcal{L}, J)$ ist vollständig genau dann, wenn jede Funktion, die eine absolute Majorante mit verschwindendem Integral besitzt, integrierbar ist.*

Beweis: Es sei J vollständig und $\psi \in \mathcal{L}_+$, $\int \psi(x)\,dx = 0$ sowie $|\varphi| \leqq \psi$. Dann ist $(n\psi)$ eine LEVI-Folge, und diese Folge ist eigentlich konvergent genau dann, wenn $\psi(x) = 0$, also auch $\varphi(x) = 0$ ist. Somit unterscheidet sich φ höchstens in den Divergenzpunkten vom Grenzwert dieser LEVI-Folge, und dies besagt gemäß 2.3., Definition 3, daß $\varphi \in \mathcal{L}$ ist.

Umgekehrt folge aus $\psi \in \mathcal{L}_+$, $\int \psi(x)\,dx = 0$ und $|\varphi| \leqq \psi$ stets $\varphi \in \mathcal{L}$. Wir betrachten eine beliebige endliche Funktion f, die sich vom Grenzwert F einer LEVI-Folge nur in den Punkten der Menge $A := \{F = \infty\}$ unterscheidet. Der Grenzwert der Folge $\left(\frac{1}{n} F\right)$ sei G, so daß $A = \{G \neq 0\}$, also ein Integrationsbereich ist. Wegen

$$\int_{\bar{A}} f(x)\,dx + \int G(x)\,dx$$

$$= \int_{\bar{A}} F(x)\,dx + \int_A F(x)\,dx = \int F(x)\,dx$$

sind die beiden links stehenden Integrale endlich, und folglich ist $f\chi_{\bar{A}} \in \mathcal{L}$. Wir brauchen also nur noch $f\chi_A \in \mathcal{L}$ zu beweisen. Hierzu genügt es zu zeigen, daß jede endliche Funktion g mit $0 \leqq g \leqq G$ integrierbar ist, denn dann gilt $f^+\chi_A, f^-\chi_A \in \mathcal{L}$.

Wir wählen $g_n \in \mathcal{L}_+$ mit $g_n \uparrow G$. Wegen $G(x) = 2G(x)$ ist $\int G(x)\,dx = 2\int G(x)\,dx = 0$, also auch $\int g_n(x)\,dx = 0$. Nach Voraussetzung ist dann auch $g \cap g_n \in \mathcal{L}$, und wegen $g \cap g_n \uparrow g$ und $\int g_n(x)\,dx = 0$ ist $g \in \mathcal{L}$.

2.5. Absolut konvergente Reihen

In diesem Abschnitt wollen wir zeigen, wie die Theorie der absolut-konvergenten unendlichen Reihen in die Theorie der L-Integrale eingebettet werden kann.

Es sei X eine unendliche Menge, und $\mathcal{E}(X)$ sei das System aller auf X definierten Funktionen f, die in höchstens endlich vielen Punkten einen von Null verschiedenen Wert annehmen. Man sieht leicht, daß mit f, g auch λf ($\lambda \in \boldsymbol{R}$), $f + g$ und $|f|$ in $\mathscr{E}(X)$ liegen, d. h., unser System $\mathscr{E}(X)$ bildet einen Vektorverband.

Mit $J(f)$ bezeichnen wir die Summe der höchstens endlich vielen Zahlen $f(x)$ mit $f(x) \neq 0$. Ist $f = 0$, d. h., gilt $f(x) = 0$ für alle $x \in X$, so soll natürlich $J(f) = 0$ sein. Offensichtlich ist J ein positives lineares Funktional. Wir zeigen, daß J auch stetig von unten oder gleichbedeutend damit nullstetig von oben ist. Es gelte $f_n \in \mathscr{E}(X)$ und $f_n \downarrow 0$. Es gibt höchstens endlich viele Punkte $x_0, x_1, \ldots, x_p \in X$ mit $f_0(x) > 0$, und aus $0 \leqq f_n \leqq f_0$ folgt, daß auch $f_n(x)$ höchstens in den Punkten $x_0, x_1, \ldots, x_p$ von Null verschiedene Werte annimmt. Somit ist stets

$$J(f_n) = \sum_{k=0}^{p} f_n(x_k). \tag{1}$$

Wegen $f_n \downarrow 0$ gilt speziell $f_n(x_k) \downarrow 0$ für $k = 0, 1, \ldots, p$, und die endlich vielen Summanden in (1) streben einzeln gegen Null. Es gilt also $J(f_n) \downarrow 0$, und J ist ein Integral.

Das gemäß 2.3. durch dieses Integral erzeugte L-Integral bezeichnen wir als das *diskrete Integral* J_d (oder genauer J_d^X) *über* X, das System der J_d-integrierbaren Funktionen mit $l(X)$.

Satz 1: *Es ist $\alpha \in l(X)$ genau dann, wenn es eine Konstante K gibt derart, daß für endlich viele voneinander verschiedene Punkte $x_0, \ldots, x_n \in X$ stets*

$$\sum_{k=0}^{n} |\alpha(x_k)| \leqq K \tag{2}$$

ist. Zu jeder Funktion $\alpha \in l(X)$ gibt es abzählbar viele voneinander verschiedene Punkte $x_0, x_1, \ldots$ derart, daß unabhängig von ihrer Anordnung

$$J_d(\alpha) = \sum_{k=0}^{\infty} \alpha(x_k) \tag{3}$$

und $\alpha(x) = 0$ für $x \neq x_0, x_1, \cdots$ ist.

Beweis: Zu $\alpha \in l(X)$ wählen wir LEVI-Folgen (f_n), (g_n) mit $f_n \uparrow F$, $g_n \uparrow G$ und $\alpha + G = F$.

Da alle Funktionen f_n, g_n in höchstens endlich vielen Punkten einen von Null verschiedenen Wert annehmen, gibt es abzählbar viele Punkte $x_0, x_1, \ldots$ derart, daß $f_n(x) = g_n(x) = 0$ für $x \neq x_k$ $(k \in \boldsymbol{N})$ und demzufolge

$$J(f_n) = \sum_{k=0}^{\infty} f_n(x_k), \quad J(g_n) = \sum_{k=0}^{\infty} g_n(x_k)$$

ist. Wir haben also

$$J^*(F) = \lim_{n\to\infty} J(f_n) = J(f_0) + \sum_{n=0}^{\infty} \big(J(f_{n+1}) - J(f_n)\big)$$

$$= \sum_{k=0}^{\infty} f_0(x_k) + \sum_{n=0}^{\infty} \sum_{k=0}^{\infty} \big(f_{n+1}(x_k) - f_n(x_k)\big).$$

In der Doppelsumme sind alle Summanden nichtnegativ, und die Reihenfolge der Summationen kann vertauscht werden. Wir erhalten

$$J^*(F) = \sum_{k=0}^{\infty} f_0(x_k) + \sum_{k=0}^{\infty} \sum_{n=0}^{\infty} \big(f_{n+1}(x_k) - f_n(x_k)\big)$$

$$= \sum_{k=0}^{\infty} \lim_{n\to\infty} f_n\,(x_k),$$

$$J^*(F) = \sum_{k=0}^{\infty} F(x_k) < \infty.$$

Wegen $F(x) = 0$ für $x \neq x_k$ $(k \in \boldsymbol{N})$ hat sich herausgestellt, daß jede LEVI-Funktion bezüglich J endlich ist. In gleicher Weise erhalten wir

$$J^*(G) = \sum_{k=0}^{\infty} G(x_k) < \infty.$$

Es ist stets $G(x) < \infty$, also $\alpha = F - G$ und

$$J_d(\alpha) = J^*(F) - J^*(G) = \sum_{k=0}^{\infty} \big(F(x_k) - G(x_k)\big) = \sum_{k=0}^{\infty} \alpha(x_k).$$

Dieselbe Darstellung ergibt sich für jede andere Anordnung der Punkte x_k, wobei Punkte x_k mit $\alpha(x_k) = 0$ ausgelassen werden können.

Da aus $\alpha \in l(X)$ stets $|\alpha| \in l(X)$ folgt, gilt für beliebige Punkte $x_0, \ldots, x_n \in X$ stets

$$\sum_{k=0}^{n} |\alpha(x_k)| \leqq J_d(|\alpha|) < \infty.$$

Es gebe umgekehrt zu α ein $K < \infty$ derart, daß (2) für beliebige $x_0, \ldots, x_n \in X$ erfüllt ist. Mit A_j bezeichnen wir die Menge aller Punkte $x \in X$ mit $|\alpha(x)| \geqq \frac{1}{j}$. Für endlich viele verschiedene Punkte $x_0, \ldots, x_m$ aus A_j ist

$$K \geq \sum_{k=0}^{m} |\alpha(x_k)| \geqq \sum_{k=0}^{m} \frac{1}{j} = \frac{m+1}{j},$$

also $m + 1 \leqq jK$, und folglich ist jede Menge A_j endlich. Die Menge aller Punkte $x \in X$ mit $\alpha(x) \neq 0$ ist als Vereinigung der abzählbar vielen endlichen Mengen A_j abzählbar, so daß wir eine Folge verschiedener Punkte $x_0, x_1, \ldots$ finden können derart, daß $\alpha(x) = 0$ für $x \neq x_k$ $(k \in \boldsymbol{N})$ ist. Aus (2) folgt

$$\sum_{k=0}^{\infty} |\alpha(x_k)| \leqq K < \infty. \tag{4}$$

Setzen wir

$$f_n(x) := \begin{cases} \alpha^+(x) & \text{für} \quad x = x_0, x_1, \ldots, x_n, \\ 0 & \text{für} \quad x \neq x_0, x_1, \ldots, x_n, \end{cases}$$

$$g_n(x) = \begin{cases} \alpha^-(x) & \text{für} \quad x = x_0, x_1, \ldots, x_n, \\ 0 & \text{für} \quad x \neq x_0, x_1, \ldots, x_n, \end{cases}$$

so folgt $f_n, g_n \in \mathscr{E}(X)$ und $J(f_n), J(g_n) \leqq K$, d. h., (f_n) und (g_n) sind LEVI-Folgen. Ihre endlichen Grenzfunktionen α^+, α^- liegen daher ebenso wie $\alpha = \alpha^+ - \alpha^-$ in $l(X)$. Damit ist Satz 1 bewiesen.

Auf Grund der Unabhängigkeit des „Integrals“ einer Funktion $\alpha \in l(X)$ von der Reihenfolge der bei unserer Konstruktion aufgetretenen Punkte x_k dürfen wir

$$\sum_{x \in X} \alpha(X) := J_d(\alpha) \qquad \big(\alpha \in l(X)\big), \tag{5}$$

setzen, wobei das Symbol auf der linken Seite als Summe irgend einer Reihe mit den Gliedern $\alpha(x_k)$ aufzufassen ist, in der alle x_k mit $\alpha(x_k) \neq 0$ genau einmal auftreten.

Satz 2: *Eine Funktion* $\alpha: X \to \boldsymbol{R}^a$ *ist* $l(X)$*-meßbar genau dann, wenn sie in höchstens abzählbar vielen Punkten von Null verschiedene Werte annimmt.*

Beweis: Ist $\alpha l(X)$-meßbar, so gibt es $\alpha_n \in l(X)$ mit $\alpha_n \to \alpha$. Die Menge $\{\alpha \neq 0\}$ ist in der Vereinigung der abzählbar vielen höchstens abzählbaren Mengen $\{\alpha_n \neq 0\}$ enthalten und damit abzählbar.

Es gebe umgekehrt abzählbar viele Punkte x_k mit $\alpha(x) = 0$ für $x \neq x_k$. Ist $\alpha(x_k)$ endlich für alle k, so können wir α als Grenzwert von Funktionen aus $\mathscr{E}(X)$ darstellen, und α ist meßbar. Ist α nicht endlich, so gibt es endliche meßbare Funktionen mit $\alpha_n \to \alpha$, und α ist wieder meßbar.

Als einfache Folgerung ergibt sich, daß mit α, β auch $\alpha\beta$ und $|\alpha|^p$ $(p > 0)$ $l(X)$-meßbar sind.

Im Spezialfall $X = \boldsymbol{N}$ folgt aus (5), wenn wir noch $\alpha_n := \alpha(n)$ setzen,

$$J_d(\alpha) = \sum_{k=0}^{\infty} \alpha_k,$$

$$J_d(|\alpha|) = \sum_{k=0}^{\infty} |\alpha_k|.$$

Die Funktionswerte α_n von α sind also die Glieder einer absolut konvergenten Reihe, und die Summe der Reihe bleibt bei jeder Umordnung der Glieder invariant.

In einem späteren Abschnitt werden wir sehen, daß auch der große Umordnungssatz für Doppelreihen als ein Spezialfall eines Satzes der Integrationstheorie aufgefaßt werden kann.

Die bisherigen Überlegungen zeigten, daß die Theorie der absolut konvergenten Reihen aus der Integrationstheorie abgeleitet werden kann. Es ist interessant, daß auch umgekehrt die Konstruktion von L-Integralen auf den Begriff der absolut-konvergenten Reihe gestützt werden kann. Dies zeigt

Satz 3: *Es sei J ein Integral auf einem Vektorverband $\mathcal{E}$ von Funktionen $f\colon X \to \mathbf{R}$. Dann liegt eine Funktion φ in $L(J)$ genau dann, wenn es Funktionen $h_k \in \mathcal{E}$ mit folgenden Eigenschaften gibt:*

a) $\sum_{k=0}^{\infty} J(|h_k|) < \infty.$

b) *Aus* $\sum_{k=0}^{\infty} |h_k(x)| < \infty$ *folgt* $\varphi(x) = \sum_{k=0}^{\infty} h_k(x).$

Sind diese Bedingungen erfüllt, so ist

$$J_L(\varphi) = \sum_{k=0}^{\infty} J(h_k).$$

Beweis: Es sei $\varphi \in L(J)$. Wir wählen Levi-Folgen von Funktionen $f_n, g_n \in \mathcal{E}$ mit $\varphi + \lim_{n\to\infty} g_n = \lim_{n\to\infty} f_n$. Indem wir auf beiden Seiten $|f_0| + |g_0|$ addieren, können wir $f_n, g_n \geqq 0$ erreichen. Wir setzen

$$h_0 := f_0, \qquad h_1 := -g_0,$$

$$h_{2n+2} := f_{n+1} - f_n, \qquad h_{2n+3} := g_n - g_{n+1}$$

Dann ist $\sum_{k=0}^{\infty} |h_k| = \lim_{n\to\infty} (f_n + g_n)$ und

$$\sum_{k=0}^{\infty} J(|h_k|) = \lim_{n\to\infty} J(f_n) + \lim_{n\to\infty} J(g_n) < \infty.$$

Ist $\sum_{k=0}^{\infty} |h_k(x)| < \infty$, so ist $\lim_{n\to\infty} (f_n(x) + g_n(x)) < \infty$, und es folgt

$$\varphi(x) = \lim_{n\to\infty} (f_n(x) - g_n(x)) = \sum_{k=0}^{\infty} h_k(x)$$

sowie

$$J_L(\varphi) = \lim_{n\to\infty} (J(f_n) - J(g_n)) = \sum_{n=0}^{\infty} J(h_n).$$

Es gebe umgekehrt zu einer endlichen Funktion φ Funktionen h_n mit den geforderten Eigenschaften.

Wir setzen

$$f_n: = \sum_{k=0}^{n} (|h_k| + h_k^+), \quad g_n: = \sum_{k=0}^{n} (|h_k| + h_k^-).$$

Es folgt

$$\lim_{n\to\infty} J(f_n) \leqq 2 \sum_{k=0}^{\infty} J(|h_k|) < \infty,$$

und ebenso zeigt sich, daß (g_n) eine LEVI-Folge ist. Ist die Reihe mit den Gliedern $|h_n(x)|$ (eigentlich) konvergent, so gilt nach Voraussetzung

$$\varphi(x) + \lim_{n\to\infty} g_n(x) = \sum_{k=0}^{\infty} (h_k(x) + |h_k(x)| + h_k^-(x))$$

$$= \sum_{k=0}^{\infty} (|h_k(x)| + h_k^+(x)) = \lim_{n\to\infty} f_n(x).$$

Diese Identität ist aber auch in den restlichen Punkten erfüllt, weil dort die Folgen $(f_n(x))$, $g_n{}^{(x)}$ divergieren. Somit ist $\varphi \in L(J)$ und

$$J_L(\varphi) = \lim_{n\to\infty} J(f_n - g_n) = \sum_{k=0}^{\infty} J(h_k).$$

Damit ist Satz 3 bewiesen.

Wir hätten also die Definition des Systems $L(J)$ und des L-Integrals auf dieses Kriterium stützen können. Wie so oft bei verschiedenen Zugängen zu einer mathematischen Theorie handelt es sich dabei um eine Verlagerung der auftretenden Schwierigkeiten an andere Stellen. Der hier angedeutete Weg hat allerdings den nicht unerheblichen Vorzug, daß die Charakterisierung der integrierbaren Funktionen keinen Bezug auf die Ordnungsrelation nimmt und in gleicher Weise auf die Definition von Integralen in BANACH-Räumen übertragen werden kann.

3. Lebesguesche-Integrale im Raum $\boldsymbol{R}^n$

3.1. Konstruktion des n-dimensionalen Lebesgueschen Integrals

Das in 2.1. eingeführte Integral $J^{(1)}$ auf dem Vektorverband $\mathscr{E}^{(1)}$ erzeugt ein L-Integral $J_L^{(1)}$, das wir als das (eindimensionale) LEBESGUE*sche Integral* bezeichnen. Statt $L(J^{(1)})$ schreiben wir $L(\boldsymbol{R})$ und nennen jede Funktion $\varphi \in L(\boldsymbol{R})$ LEBESGUE-*integrierbar*. Jede Grenzfunktion einer Folge von Funktionen $\varphi_n \in L(\boldsymbol{R})$ heißt LEBESGUE-*meßbar*. Für das LEBESGUEsche Integral wählen wir die üblichen Schreibweisen

$$\int_{\boldsymbol{R}} \varphi(x)\,\mathrm{d}x = \int_{-\infty}^{\infty} \varphi(x)\,\mathrm{d}x. \tag{1}$$

Zu jedem beschränkten Intervall I gibt es Funktionen $f, f_n \in \mathscr{E}^{(1)}$ mit $f_n \to \chi_I$ und $0 \leqq f_n \leqq f$. In Abb. 6 sind solche Funktionen f_n z. B. für den Fall $I = [a, b]$ skizziert. Es folgt

Abb. 6

Satz 1: *Die charakteristische Funktion eines jeden Intervalls I reeller Zahlen ist integrierbar, und ihr Integral ist gleich der Länge $m(I)$ des Intervalls.*

Beweis: Aus Abb. 6 entnehmen wir $\int_{\boldsymbol{R}} f_n(x)\,\mathrm{d}x = b - a + \frac{1}{n}$, und aus $f_n \downarrow \chi_{[a,b]}$ folgt $\chi_{[a,b]} \in \mathscr{L}$ und

$$\int_{\boldsymbol{R}} \chi_{[a,b]}(x)\,\mathrm{d}x = \lim_{n\to\infty} \int_{\boldsymbol{R}} f_n(x)\,\mathrm{d}x = b - a.$$

Die Behauptung gilt also für beschränkte abgeschlossene Intervalle. Speziell ist

$$m(\{a\}) = \int_{-\infty}^{\infty} \chi_{[a,a]}(x)\,\mathrm{d}x = 0. \tag{2}$$

Zu allen anderen Intervalltypen I gibt es isotone Folgen von Intervallen $[a_n, b_n]$ mit $\chi_{[a_n,b_n]} \uparrow \chi_I$, und die Behauptung ergibt sich durch Grenzübergang $n \to \infty$.

Jedes Intervall reeller Zahlen ist somit ein Integrationsbereich. Wir führen die üblichen Bezeichnungen

$$\int_a^b \varphi(x)\,\mathrm{d}x := \int_{[a,b]} \varphi(x)\,\mathrm{d}x, \tag{3}$$

$$\int_a^\infty \varphi(x)\,\mathrm{d}x := \int_{[a,\infty)} \varphi(x)\,\mathrm{d}x, \qquad \int_{-\infty}^b \varphi(x)\,\mathrm{d}x := \int_{(-\infty,b]} \varphi(x)\,\mathrm{d}x$$

ein. Aus 2.4., Satz 8, entnehmen wir, das z. B. stets

$$\int_a^\infty \varphi(x)\,\mathrm{d}x = \lim_{n\to\infty} \int_a^{a+n} \varphi(x)\,\mathrm{d}x \qquad \big(\varphi \in L(\boldsymbol{R})\big)$$

ist, so daß sich in der LEBESGUEschen Integrationstheorie die gesonderte Einführung „uneigentlicher Integrale“ erübrigt. Aus dem gleichen Satz folgt, daß die Funktion

$$\psi(t)\,i = \int_{-\infty}^{t} \varphi(x)\,\mathrm{d}x \qquad \big(\varphi \in L(\boldsymbol{R})\big)$$

stetig ist.

Satz 2: *Jede auf einem kompakten Intervall* $[a, b]$ *stetige Funktion ist über* $[a, b]$ LEBESGUE-*integrierbar, und ihr* RIEMANN*sches und* LEBESGUE*sches Integral über* $[a, b]$ *stimmen überein.*

Beweis: Für jede natürliche Zahl n zerlegen wir das Intervall $[a, b]$ durch die Teilpunkte

$$x_k^{(n)} := a + \frac{k}{2^n}(b - a) \qquad (k = 0, 1, \ldots, 2^n) \tag{4}$$

in 2^n Teilintervalle $I_k^{(n)}$ gleicher Länge, wobei $I_k^{(n)}$ für $k = 1, \ldots, 2^{n-1}$ links abgeschlossen und rechts offen und das letzte Intervall $I_{2^n}^{(n)}$ abgeschlossen sei.
Wir bilden die Funktionen

$$f_n := \sum_{k=1}^{2^n} f(x_{k-1}^{(n)})\, \chi_{I_k^{(n)}}. \tag{5}$$

(Abb. 7). Ihre Integrale

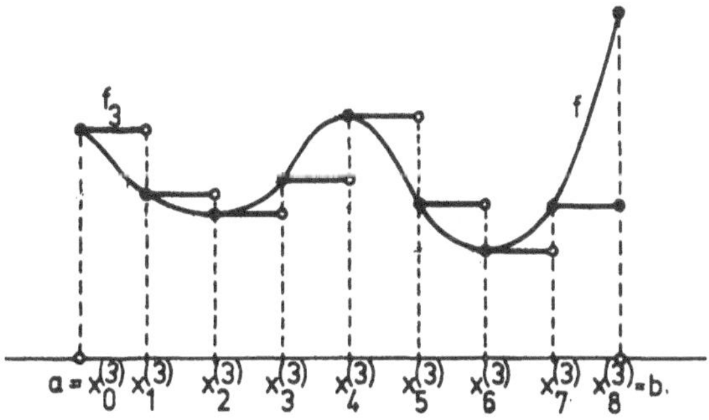

Abb. 7

$$\int_a^b f_n(x)\,\mathrm{d}x = \sum_{k=1}^{2^n} f(x_{k-1}^{(n)})\,(x_k^{(n)} - x_{k-1}^{(n)}) \tag{6}$$

streben bekanntlich für $n \to \infty$ gegen das RIEMANNsche Integral der Funktion f über das Intervall $[a, b]$. Ist $|f(x)| \leqq K$ für $x \in [a, b]$, so ist $|f_n| \leqq K\chi_{[a,b]}$. Nach dem Satz über die majorisierte Konvergenz brauchen wir nur noch $f_n \to f$ zu beweisen. Da f gleichmäßig stetig ist, gibt es zu $\varepsilon > 0$ ein $\delta > 0$ mit $|f(x') - f(x'')| < \varepsilon$ für $|x' - x''| < \delta$. Wir wählen ein n mit $2^{-n} < \delta$. Zu jedem $x \in [a, b]$ gibt es genau ein k mit $x \in I_k^{(n)}$, woraus $f_n(x) = f(x_{k-1}^{(n)})$ und

$$|f(x) - f_n(x)| = |f(x) - f(x_{k-1}^{(n)})| < \varepsilon$$

folgt. Daher gilt $f_n \to f$ (sogar gleichmäßig), und Satz 2 ist bewiesen.

Alle klassischen Sätze über die Integration stetiger Funktionen, z. B. der Mittelwertsatz oder der Hauptsatz der Differential- und Integralrechnung können jetzt übernommen werden.

Aus Satz 2 folgt noch, daß alle Funktionen aus dem Vektorverband $C_0(\boldsymbol{R})$ (vgl. 2.1.) über $\boldsymbol{R}$ LEBEGUE-integrierbar sind. Durch

$$J(f) := \int_{-\infty}^{\infty} f(x)\,\mathrm{d}x \qquad (f \in C_0(\boldsymbol{R})) \tag{7}$$

wird daher ein Integral auf $C_0(\boldsymbol{R})$ definiert. Wegen $\mathscr{E}^{(1)} \subseteq C_0(\boldsymbol{R}) \subseteq L(\boldsymbol{R})$ stimmt das von ihm erzeugte minimale L-Integral mit dem eindimensionalen LEBESGUEschen Integral überein. Wir hätten daher auch in 2.1. an Stelle des dort gewählten Systems $\mathscr{E}^{(1)}$ unter Heranziehung von Kenntnissen über RIEMANNsche Integrale vom System $C_0(\boldsymbol{R})$ ausgehen können.

Mit den nachfolgenden Sätzen bereiten wir die Definition mehrdimensionaler LEBESGUEscher Integrale vor.

Satz 3: *Für jede Funktion $f \in C_0(\boldsymbol{R}^{n+1})$ wird durch*

$$g(x) := \int_{-\infty}^{\infty} f(t, x)\,\mathrm{d}t \qquad (x \in \boldsymbol{R}^n) \tag{8}$$

eine Funktion $g \in C_0(\boldsymbol{R}^n)$ definiert.

Beweis: Wegen $f \in C_0(\boldsymbol{R}^{n+1})$ gibt es ein r mit $f(t, x) = 0$ für $|t| \geqq r$ und eine Schranke K der Funktion f. Die durch

$$f^x(t) := f(t, x) \qquad (t \in \boldsymbol{R})$$

definierte Funktion f^x liegt für feste $x \in \boldsymbol{R}^n$ in $C_0(\boldsymbol{R})$, und das Integral (8) existiert. Aus $x_n \to x$ folgt $f(t, x_n) \to f(t, x)$, also $f^{x_n} \to f^x$, und da stets $|f^x| \leqq K\chi_{[-r,r]}$ ist, schließen wir mit Hilfe des Satzes von der majorisierten Konvergenz auf

$$g(x) = \int_{-\infty}^{\infty} \lim_{n\to\infty} f(t, x_n)\,\mathrm{d}t = \lim_{n\to\infty} \int_{-\infty}^{\infty} f(t, x_n)\,\mathrm{d}t = \lim_{n\to\infty} g(x_n)$$

Die Funktion g ist also stetig, und da f für große $\|x\| = \sqrt{x_1^2 + \cdots + x_n^2}$ verschwindet, gilt dasselbe für g. Somit liegt g in $C_0(\boldsymbol{R}^n)$.

Auf Grund dieses Satzes können wir die Integration iterieren.

Satz 4: *Durch*

$$J^{(n)}(f) := \int_{-\infty}^{\infty} \cdots \int_{-\infty}^{\infty} f(x_1, \ldots, x_n)\, \mathrm{d}x_1 \cdots \mathrm{d}x_n \qquad \big(f \in C_0(\boldsymbol{R}^n)\big) \tag{9}$$

wird ein Integral auf dem Vektorverband $C_0(\boldsymbol{R}^n)$ definiert.

Beweis: Die Positivität, Linearität und Stetigkeit von unten gelten für jedes der n Integrale auf der rechten Seite und übertragen sich demzufolge auf das Funktional $J^{(n)}$.

Definition 1: Das vom Integral $J^{(n)}$ erzeugte vollständige L-Integral heißt das *n-dimensionale* LEBESGUE*sche Integral.*

Mit $L(\boldsymbol{R}^n)$ bezeichnen wir das System aller LEBESGUE-integrierbaren Funktionen und setzen

$$\int_{\boldsymbol{R}^n} \varphi(x)\, \mathrm{d}x = \int_{\boldsymbol{R}^n} \varphi(x_1, \ldots, x_n)\, \mathrm{d}(x_1, \ldots, x_n) := J_L^{(n)}(\varphi). \tag{10}$$

Eine numerische Funktion φ heißt LEBESGUE-meßbar, wenn es eine Folge von Funktionen $\varphi_k \in L(\boldsymbol{R}^n)$ mit $\varphi_k \to \varphi$ gibt. Speziell ist jede auf $\boldsymbol{R}^n$ stetige Funktion LEBESGUE-meßbar, weil sie als Grenzwert einer Folge von Funktionen aus $C_0(\boldsymbol{R}^n) \subseteq L(\boldsymbol{R}^n)$ dargestellt werden kann.

Die naheliegende Frage, ob das LEBESGUEsche Integral durch iterierte Integration berechnet und die Reihenfolge der Integrationen vertauscht werden kann, werden wir in den berühmten Satz von FUBINI entscheiden. Hier behandeln wir nur einen einfachen Spezialfall.

Satz 5: *Ist $\varphi \in L(\boldsymbol{R}^p)$ und $\psi \in L(\boldsymbol{R}^q)$, so ist die Funktion $\varphi(x)\,\psi(y)$ in $L(\boldsymbol{R}^{p+q})$ enthalten, und es gilt*

$$\int_{\boldsymbol{R}^{p+q}} \varphi(x)\, \psi(y)\, \mathrm{d}(x, y) = \int_{\boldsymbol{R}^p} \varphi(x)\, \mathrm{d}x \int_{\boldsymbol{R}^q} \psi(y)\, \mathrm{d}y. \tag{11}$$

Beweis: Wir können $\varphi, \psi \geqq 0$ voraussetzen. Es existieren dann LEVI-Folgen von nichtnegativen Funktionen $f_n, g_n \in C_0(\boldsymbol{R}^p)$ bzw. $f_n', g_n' \in C_0(\boldsymbol{R}^q)$ mit

$$\varphi + \lim_{n\to\infty} g_n = \lim_{n\to\infty} f_n, \qquad \psi + \lim_{n\to\infty} g_n' = \lim_{n\to\infty} f_n'.$$

Eine einfache Rechnung zeigt, daß

$$\varphi(x)\,\psi(y) + \lim_{n\to\infty}\big(g_n(x)\,f_n'(y) + f_n(x)\,g_n'(y)\big)$$
$$= \lim_{n\to\infty}\big(f_n(x)\,f_n'(y) + g_n(x)\,g_n'(y)\big)$$

ist. Die hierin auftretenden Folgen von Produkten bilden LEVI-Folgen bezüglich des Integrals $J^{(p+q)}$, und folglich gehört $\varphi(x)\,\psi(y)$ zu $L(\boldsymbol{R}^{p+q})$. Aus der Definition 2.3. (6) des L-Integrals folgt

$$\int\limits_{\boldsymbol{R}^{p+q}} \varphi(x)\,\psi(y)\,\mathrm{d}(x, y) = \lim_{n\to\infty} \int\limits_{-\infty}^{\infty}\cdots\int\limits_{-\infty}^{\infty}[f_n(x)\,f_n'(y) + g_n(x)\,g_n'(y)$$
$$-g_n(x)\,f_n'(y) - f_n(x)\,g_n'(y)]\,\mathrm{d}x_1\cdots\,\mathrm{d}x_p\,\mathrm{d}y_1\cdots\mathrm{d}y_q$$
$$= \lim_{n\to\infty}\int\limits_{-\infty}^{\infty}\cdots\int\limits_{-\infty}^{\infty}\big(f_n(x) - g_n(x)\big)\,\big(f_n'(y) - g_n'(y)\big)\,\mathrm{d}x_1\cdots\mathrm{d}x_p$$
$$\mathrm{d}y_1\cdots\mathrm{d}y_q = \lim_{n\to\infty} J^{(p)}(f_n - g_n)J^{(q)}\,(f_n' - g_n')$$
$$= \int\limits_{\boldsymbol{R}^p}\varphi(x)\,\mathrm{d}x\int\limits_{\boldsymbol{R}^q}\psi(y)\,\mathrm{d}y.$$

Wiederholte Anwendung des hiermit bewiesenen Satzes führt zur Formel

$$\int\limits_{\boldsymbol{R}^n}\varphi_1(x_1)\cdots\varphi_n(x_n)\,\mathrm{d}(x_1,\ldots,x_n) = \int\limits_{\boldsymbol{R}}\varphi_1(x_1)\,\mathrm{d}x_1\cdots\int\limits_{\boldsymbol{R}}\varphi_n(x_n)\,\mathrm{d}x_n$$
$$(\varphi_1,\ldots,\varphi_n \in L(\boldsymbol{R})). \tag{12}$$

Die Formeln (11), (12) gelten auch dann, wenn die Funktionen φ, ψ bzw. $\varphi_1, \ldots, \varphi_n$ nichtnegative LEBESGUE-meßbare Funktionen sind. Zum Beweis braucht man diese Funktionen nur durch isotone Folgen LEBESGUE-integrierbarer Funktionen zu approximieren.

3.2. Lebesgue-meßbare Mengen

Aus der RIEMANNschen Integrationstheorie ist bekannt, daß das Integral einer auf einer ebenen Punktmenge A definierten nichtnegativen Funktion f gleich dem Volumen des „Körpers unter der Fläche $z = f(x, y)$" ist. Ist $f(x) = 1$ für alle $x \in A$, also $f = \chi_A$, so stimmt dieses Volumen mit dem Flächeninhalt der Grundfläche überein (Abb. 8). Dies veranlaßt uns zur

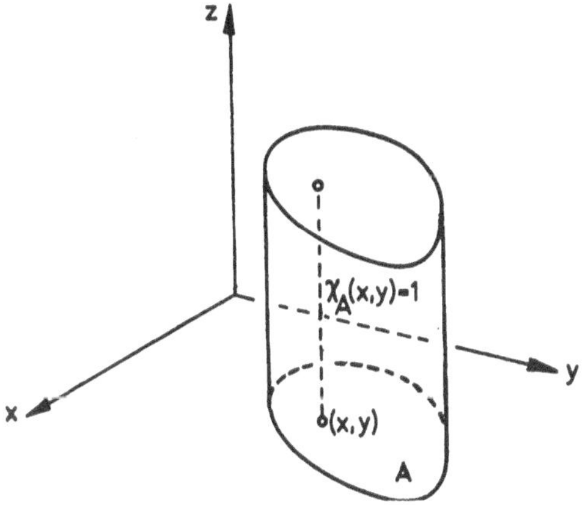

Abb. 8

Definition 1: Eine Menge $A \subseteq X$ heißt LEBESGUE-*meßbar* bzw. LEBESGUE-*integrierbar*, wenn dies für ihre charakteristische Funktion χ_A zutrifft, und

$$m(A) = m^{(n)}(A) = \int_{R^n} \chi_A(x)\,\mathrm{d}x = \int_A \mathrm{d}x \tag{1}$$

heißt das LEBESGUE*sche Maß* der Menge A.

Satz 1: *Eine Teilmenge A des Raumes $\boldsymbol{R}^n$ ist* LEBESGUE-*meßbar genau dann, wenn sie ein Integrationsbereich ist.*

Beweis: Ist χ_A meßbar, so ist $A = \{\chi_A > 0\}$ nach 2.4., Satz 7, ein Integrationsbereich. Es sei umgekehrt A ein Integrationsbereich. Zur stetigen und damit LEBESGUE-meßbaren Funktion $\chi_{\boldsymbol{R}^n} = 1$ wählen wir $\varphi_m \in L(\boldsymbol{R}^n)$ mit $\varphi_m \to 1$, woraus $\varphi_m \chi_A \in L(\boldsymbol{R}^n)$ und $\varphi_m \chi_A \to \chi_A$ folgt. Somit ist A LEBESGUE-meßbar.

Das System aller LEBESGUE-meßbaren Mengen bildet somit eine σ-Algebra, die wir mit $\mathfrak{A}(\boldsymbol{R}^n)$ bezeichnen. Unter anderem sind alle Mengen $\{\varphi > \psi\}$ meßbar, falls φ, ψ meßbar sind. Speziell sind hiernach alle Mengen $\{\varphi > a\}$ sowie $\{\varphi \geqq a\}$, $\{\varphi < a\}$, $\{\varphi \leqq a\}$, $\{\varphi = a\}$, $\{\varphi \neq a\}$ für LEBESGUE-meßbare Funktionen φ und reelle Zahlen a LEBESGUE-meßbar, denn die auf $\boldsymbol{R}^n$ konstanten Funktionen sind LEBESGUE-meßbar.

Wir beweisen darüber hinaus

Satz 2: *Eine Funktion $\varphi: \boldsymbol{R}^n \to \boldsymbol{R}^a$ ist* LEBESGUE-*meßbar genau dann, wenn eine der folgenden Aussagen für alle $a \in \boldsymbol{R}$ erfüllt ist.*

a) $\{\varphi > a\}$ *ist* LEBESGUE-*meßbar.*

b) $\{\varphi \geqq a\}$ *ist* LEBESGUE-*meßbar.*

c) $\{\varphi < a\}$ *ist* LEBESGUE-*meßbar.*

d) $\{\varphi \leqq a\}$ *ist* LEBESGUE-*meßbar.*

Beweis: Ist φ LEBESGUE-meßbar, so sind alle diese Aussagen erfüllt. Die Äquivalenz der Aussagen a) bis d) ergibt sich jeweils aus den folgenden Identitäten:

$$\text{a)} \Rightarrow \text{b)}: \{\varphi \geqq a\} = \bigcap_{n=1}^{\infty} \left\{\varphi > a - \frac{1}{n}\right\} \tag{2}$$

$$\text{b)} \Rightarrow \text{c)}: \{\varphi < a\} = \overline{\{\varphi \geqq a\}} \tag{3}$$

$$\text{c)} \Rightarrow \text{d)}: \{\varphi \leqq a\} = \bigcap_{n=1}^{\infty} \left\{\varphi < a + \frac{1}{n}\right\} \tag{4}$$

$$\text{d)} \Rightarrow a): \{\varphi > a\} = \overline{\{\varphi \leqq a\}} \tag{5}$$

Es seien umgekehrt die Aussagen a) bis d) erfüllt. Für alle $a \geqq 0$ sind dann die Mengen $\{\varphi^+ > a\} = \{\varphi > a\}$ und $\{\varphi^- > a\} = \{\varphi < -a\}$ LEBESGUE-meßbar. Der folgende Satz zeigt nun, daß die Funktionen φ^+ und φ^- als Grenzwerte von Treppenfunktionen der Form

$$s = \sum_{k=0}^{m} c_k \chi_{A_k}$$

mit $c_k \in \boldsymbol{R}$ und LEBESGUE-meßbaren Mengen A_k dargestellt werden können. Hieraus folgt, daß φ^+ und φ^- LEBESGUE-meßbar sind, und Satz 2 ist bewiesen.

Satz 3: *Es sei f eine nichtnegative numerische Funktion. Setzen wir*

$$A_{kn} := \left\{\frac{k-1}{2^n} < f \leqq \frac{k}{2^n}\right\}$$

$$= \left\{f > \frac{k-1}{2^n}\right\} \setminus \left\{f > \frac{k}{2^n}\right\}, \tag{6}$$

$$A_n := \{f > n\}, \tag{7}$$

$$f_n := n\chi_{A_n} + \sum_{k=1}^{n2^n} \frac{k-1}{2^n} \chi_{A_{kn}} \tag{8}$$

oder, was gleichbedeutend ist,

$$f_n := \frac{1}{2^n} \sum_{k=1}^{n2^n} \chi_{\left\{f > \frac{k-1}{2^n}\right\}}, \tag{9}$$

so gilt $f_n \uparrow f$ (Abb. 9).

Beweis: Bevor wir die Identität von (8) und (9) nachgewiesen haben, bezeichnen wir die rechte Seite von (9) mit g_n. Für $f(x) = 0$ gilt offensichtlich $f_n(x) = g_n(x) = 0$. Ist $0 < f(x) \leqq n$, so gibt es genau ein k mit $1 \leqq k \leqq n2^n$ und

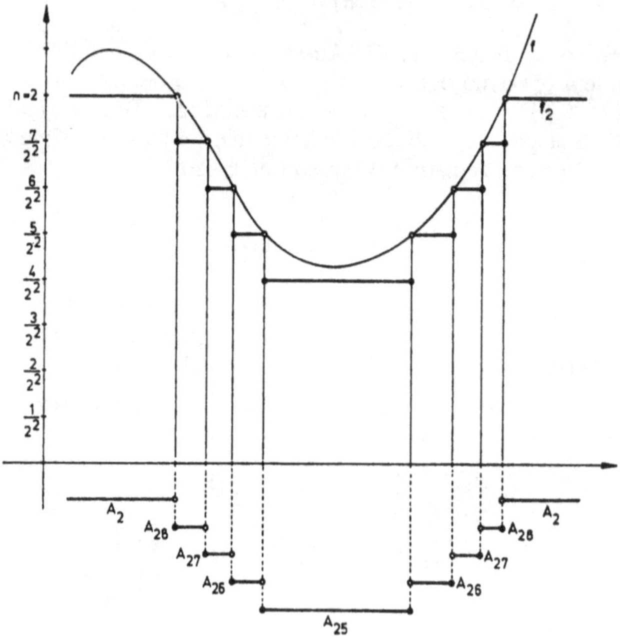

Abb. 9

$$\frac{k-1}{2^n} < f(x) \leqq \frac{k}{2^n}, \tag{10}$$

also mit $x \in A_{kn}$, und es folgt $f_n(x) = \dfrac{k-1}{2^n}$. Der gleiche Wert ergibt sich für $g_n(x)$, weil genau $k - 1$ Summanden in der in (9) stehenden Summe gleich 1 sind. Ist schließlich $f(x) > n$, also $x \in A_n$, so gilt $f_n(x) = g_n(x) = n$.

Damit haben wir $f_n = g_n \leqq f$ bewiesen. Ist $f(x) = 0$ oder $f(x) \geqq n$, so ist $f_n(x) \leqq f_{n+1}(x)$. Im Falle $0 < f(x) < n < n + 1$ gilt (10), also

$$f_n(x) < f(x) \leqq f_n(x) + \frac{1}{2^n} \tag{11}$$

und ebenso

$$f_{n+1}(x) < f(x) \leqq f_{n+1}(x) + \frac{1}{2^{n+1}},$$

woraus $f_n(x) < f_{n+1}(x) + \frac{1}{2^{n+1}}$ folgt. Die natürliche Zahl $2^{n+1}f_{n+1}(x) + 1$ ist hiernach größer als die natürliche Zahl $2^{n+1}f_n(x)$, was nur im Falle $f_n(x) \leqq f_{n+1}(x)$ möglich ist. Damit ist $f_n \leqq f_{n+1}$ bewiesen. Aus (11) und $f_n(x) \uparrow \infty$ für $f(x) = \infty$ folgt nun $f_n \uparrow f$.

Satz 4: *Das Produkt zweier* LEBESGUE-*meßbarer Funktionen ist* LEBESGUE-*meßbar. Die p-te Potenz $(p > 0)$ einer nichtnegativen* LEBESGUE-*meßbaren Funktion ist* LEBESGUE-*meßbar.*

Beweis: Es sei φ LEBESGUE-meßbar. Für alle $a \geqq 0$ ist $\{|\varphi|^p > a\} = \left\{|\varphi| > a^{\frac{1}{p}}\right\}$ LEBESGUE-meßbar, und folglich ist $|\varphi^p|$ LEBESGUE-meßbar.

Für $\varphi, \psi \in L(\boldsymbol{R}^n)$ ist daher

$$\varphi\psi = \frac{1}{2}\left((\varphi + \psi)^2 - \varphi^2 - \psi^2\right)$$

LEBESGUE-meßbar. Sind $\varphi, \psi \geqq 0$ LEBESGUE-meßbar, so gibt es $\varphi_n, \psi_n \in L_+(\boldsymbol{R}^n)$ mit $\varphi_n \uparrow \varphi$, $\psi_n \uparrow \psi$. Aus $\varphi_n\psi_n \uparrow \varphi\psi$ folgt, daß $\varphi\psi$ LEBESGUE-meßbar ist. Für zwei beliebige LEBESGUE-meßbare Funktionen φ, ψ ist schließlich

$$\varphi\psi = (\varphi^+\psi^+ + \varphi^-\psi^-) - (\varphi^+\psi^- + \varphi^-\psi^+)$$

LEBESGUE-meßbar, und Satz 4 ist bewiesen.

Satz 5: *Das* LEBESGUE*sche Maß ist σ-additiv, d. h., aus* $A_n \in \mathfrak{A}(\boldsymbol{R}_n)$ *und* $A_i \cap A_j = \emptyset$ *für* $i \neq j$ *folgt*

$$m\left(\bigcup_{n=0}^{\infty} A_n\right) = \sum_{n=0}^{\infty} m(A_n). \tag{12}$$

Beweis: Die Behauptung folgt sofort aus der σ-Additivität des LEBESGUEschen Integrals.

Satz 6: *Für alle* $\varepsilon > 0$, *alle* LEBESGUE-*meßbaren Mengen* A *und alle nichtnegativen* LEBESGUE-*meßbaren Funktionen* φ *gilt die* TSCHEBYSCHEW*sche Ungleichung*

$$m(\{\varphi \geqq \varepsilon\} \cap A) \leqq \frac{1}{\varepsilon} \int_A \varphi(x)\, \mathrm{d}x. \tag{13}$$

Beweis: Es ist

$$\varepsilon \chi_{\{\varphi \geqq \varepsilon\}} \leqq \varphi, \quad \chi_{\{\varphi \geqq \varepsilon\} \cap A} \leqq \frac{1}{\varepsilon} \varphi \chi_A,$$

und die Behauptung ergibt sich durch Integration.

Es seien $A \subseteq \boldsymbol{R}^p$, $B \subseteq \boldsymbol{R}^q$ LEBESGUE-meßbare Mengen. Wegen

$$\chi_{A \times B}(x, y) = \chi_A(x)\, \chi_B(y) \qquad (x \in \boldsymbol{R}^p,\ y \in \boldsymbol{R}^q)$$

und **3.1.**, Satz 5 ist auch die Produktmenge $A \times B$ meßbar, und es ist

$$m(A \times B) = m(A) m(B).$$

Entsprechend gilt für LEBESGUE-meßbare Mengen $A_1, \ldots, A_n \subseteq \boldsymbol{R}$ stets

$$m(A_1 \times \cdots \times A_n) = m(A_1) \cdots m(A_n). \tag{14}$$

Für eindimensionale Intervalle $I_1, \ldots, I_n$ ist speziell

$$m(I_1 \times \cdots \times I_n) = m(I_1) \cdots m(I_n) \tag{15}$$

(Abb. 10). Entsprechend unseren elementargeometrischen

Vorstellungen ist also das LEBESGUEsche Maß eines Quaders gleich dem Produkt seiner Kantenlängen.

Satz 7: *Jede offene Menge $G \subseteq \boldsymbol{R}^n$ läßt sich als Vereinigung abzählbar vieler paarweise disjunkter beschränkter Intervalle darstellen. Demzufolge sind alle offenen Mengen und als deren Komplemente auch alle abgeschlossenen Mengen* LEBESGUE-*meßbar.*

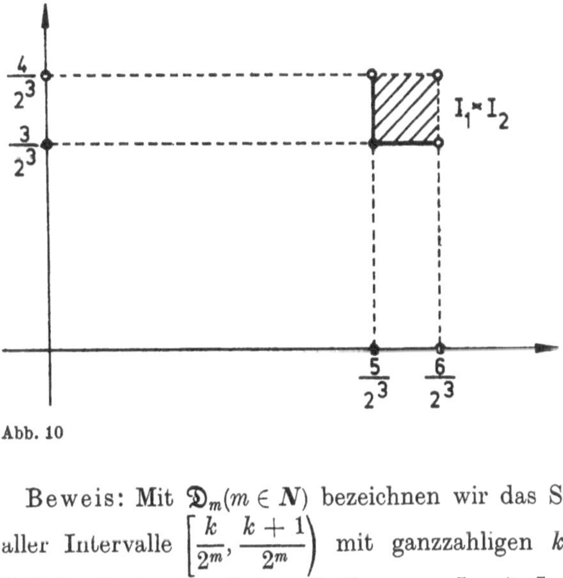

Abb. 10

Beweis: Mit $\mathfrak{D}_m (m \in \boldsymbol{N})$ bezeichnen wir das System aller Intervalle $\left[\frac{k}{2^m}, \frac{k+1}{2^m}\right)$ mit ganzzahligen k, mit $\mathfrak{D}_m^{(n)}$ das System der Intervalle $I_1 \times \cdots \times I_n$ mit $I_1, \ldots, I_n \in \mathfrak{D}_m$ (Abb. 10). Jedes Intervall aus $\mathfrak{D}_m^{(n)}$ heiße ein *dyadisches Intervall* m-ter Ordnung. Wir bilden die Vereinigung A_0 der höchstens abzählbar vielen dyadischen Intervalle 0-ter Ordnung, die in G liegen. Sie sind offensichtlich paarweise disjunkt. Dann bilden wir die Vereinigung A_1 der dyadischen Intervalle erster Ordnung, die in G, aber nicht in A_0 liegen usf. Da jeder Punkt $x \in \boldsymbol{R}^n$ für jedes m in genau einem dyadischen Intervall m-ter Ordnung $I_m(x)$ liegt, gibt es zu jedem $x \in G$ ein kleinstes m derart, daß $I_m(x) \subseteq G$ gilt. Somit ist G die Vereinigung der paarweise disjunkten Mengen $A_0, A_1, \ldots$, die jeweils die Vereinigung höchstens abzählbar vieler Intervalle sind.

Satz 8: *Für alle Funktionen $f \in C_0(\boldsymbol{R}^n)$ und alle Permutationen $i_1 \cdots i_n$ von $1 \ldots n$ ist*

$$\int_{R^n} f(x)\, \mathrm{d}x = \int_{-\infty}^{\infty} \cdots \int_{-\infty}^{\infty} f(x_1, \ldots, x_n)\, \mathrm{d}x_{i_1} \cdots \mathrm{d}x_{i_n}. \tag{16}$$

Beweis: Wir können $f \geqq 0$ voraussetzen. Es sei $x_0 \in \{f > a\}$, also $f(x_0) > a$. Da f stetig ist, gibt es eine Umgebung U von x_0 mit $f(x) > a$ für alle $x \in U$, d. h., es ist $U \subseteq \{f > a\}$. Somit ist $\{f > a\}$ stets offen. Für alle k, $m \in \boldsymbol{N}$ können wir paarweise disjunkte Intervalle I_{kmp} finden, deren Vereinigung die Menge $\left\{f > \frac{k-1}{2^m}\right\}$ ergibt. Mit (9) gilt

$$f_m = \frac{1}{2^m} \sum_{k=1}^{m2^m} \sum_{p=0}^{\infty} \chi_{I_{kmp}},$$

und aus der σ-Additivität des LEBESGUEschen Integrals folgt

$$\int_{R^n} f_m(x)\, \mathrm{d}x = \frac{1}{2^m} \sum_{k=1}^{m2^m} \sum_{p=0}^{\infty} \int_{R^n} \chi_{I_{kmp}}(x)\, \mathrm{d}x.$$

Wegen (15) ist

$$\int_{R^n} \chi_I(x) \mathrm{d}x = \int_{-\infty}^{\infty} \cdots \int_{-\infty}^{\infty} \chi_I(x_1, \ldots, x_n)\, \mathrm{d}x_{i_1} \cdots \mathrm{d}x_{i_n}$$

und damit auch

$$\int_{R^n} f_m(x)\, \mathrm{d}x = \int_{-\infty}^{\infty} \cdots \int_{-\infty}^{\infty} f_m(x_1, \ldots, x_n)\, \mathrm{d}x_{i_1} \cdots \mathrm{d}x_{i_n}.$$

Aus $f_m \uparrow f$ folgt nun unsere Behauptung. Durch teilweise Zusammenfassung der Integrale ergibt sich

$$\int\limits_{\boldsymbol{R}^{p+q}} f(x, y)\,\mathrm{d}(x, y) = \int\limits_{\boldsymbol{R}^q} \int\limits_{\boldsymbol{R}^p} f(x, y)\,\mathrm{d}x\,\mathrm{d}y$$

$$= \int\limits_{\boldsymbol{R}^p} \int\limits_{\boldsymbol{R}^q} f(x, y)\,\mathrm{d}y\,\mathrm{d}x \qquad \left(f \in C_0(\boldsymbol{R}^{p+q})\right). \tag{17}$$

Die folgende wichtige Eigenschaft wird als die *Regularität* des LEBESGUEschen Maßes bezeichnet.

Satz 9: *Eine Menge $A \subseteq \boldsymbol{R}^n$ ist* LEBESGUE-*meßbar genau dann, wenn es zu jedem $\varepsilon > 0$ eine abgeschlossene Menge F und eine offene Menge G mit*

$$F \subseteq A \subseteq G, \quad m(G \setminus F) < \varepsilon \tag{18}$$

gibt.

Beweis: Es sei $A \subseteq \boldsymbol{R}^n$ LEBESGUE-meßbar. Dann gibt es nichtnegative Funktionen $\varphi_k \in L(\boldsymbol{R}^n)$ mit $\varphi_k \uparrow \chi_A$, und hierzu können wir nach 2.3., Satz 4, Funktionen f, g aus der isotonen Hülle von $C_0(\boldsymbol{R}^n) \subset L(\boldsymbol{R}^n)$ mit $g \geqq 0$, $\int g(x)\,\mathrm{d}x < \frac{\varepsilon}{2}$, $\chi_A + g = f$ finden. Wir wählen Funktionen $f_n \in C_0(\boldsymbol{R}^n)$ mit $f_n \uparrow f$. Die Menge

$$G := \{f > 1\} = \bigcup_{n=0}^{\infty} \{f_n > 1\}$$

ist offen, denn wegen der Stetigkeit von f_n sind alle Mengen $\{f_n > 1\}$ offen. Aus $x \in G \setminus A$ folgt $f(x) > 1$ und $\chi_A(x) = 0$, wegen $\chi_A + g = f$ also $g(x) = f(x) > 1$. Daher ist $\chi_{G \setminus A} \leqq g$ und

$$m(G \setminus A) \leqq \int g(x)\,\mathrm{d}x < \frac{\varepsilon}{2}.$$

Analog gibt es zur LEBESGUE-meßbaren Menge $\bar{A}$ eine offene Menge G' mit $\bar{A} \subseteq G'$ und $m(G' \setminus \bar{A}) < \frac{\varepsilon}{2}$. Die

Komplementärmenge F von G' ist abgeschlossen, und es ist $F \subseteq \bar{\bar{A}} = A$, $A \setminus F = A \cap G' = G' \setminus \bar{A}$, also $m(A \setminus F) < \frac{\varepsilon}{2}$. Es folgt

$$m(G \setminus F) = m\big((G \setminus A) \cup (A \setminus F)\big)$$

$$= m(G \setminus A) + m(A \setminus F) < \frac{\varepsilon}{2} + \frac{\varepsilon}{2} = \varepsilon.$$

Es gebe umgekehrt zu jedem $\varepsilon > 0$ Mengen F, G mit den geforderten Eigenschaften. Zu jedem $k \in N$ wählen wir dementsprechend Mengen F_k, G_k mit $F_k \subseteq A \subseteq G_k$ und $m(G_k \setminus F_k) < 2^{-k}$. Die Mengen $G := \bigcap_{k=0}^{\infty} G_k$, $F := \bigcup_{k=0}^{\infty} F_k$ sind LEBESGUE-meßbar, und es ist $F_k \subseteq F \subseteq A \subseteq G \subseteq G_k$, also

$$m(G \setminus F) \leqq m(G_k \setminus F_k) \leqq 2^{-k},$$

woraus $m(G \setminus F) = 0$ folgt. Wegen $A \setminus F \subseteq G \setminus F$ ist auch $A \setminus F$ LEBESGUE-meßbar[1]), und dasselbe gilt für $A = F \cup (A \setminus F)$. Damit ist Satz 11 bewiesen.

Das LEBESGUEsche Maß einer LEBESGUE-meßbaren Menge A kann hiernach als Infimum (bzw. Supremum) der LEBESGUEschen Maße aller offenen (bzw. abgeschlossenen) Mengen, die A umfassen (bzw. in A enthalten sind) charakterisiert werden. Dies eröffnet einen anderen Zugang zur LEBESGUEschen Maß- und Integrationstheorie, den wir kurz skizzieren wollen. Für die hierbei auftretenden Definitionen hat man verschiedentlich einen Unabhängigkeitsbeweis zu führen, was oft einen erheblichen Aufwand erfordert.

a) Für jedes beschränkte n-dimensionale Intervall $I = I_1 \times \cdots \times I_n$ definiert man durch (15) einen *Inhalt* $m(I)$, wobei $m(I_k)$ die Längen der Intervalle I_k sind.

---

[1]) Siehe Anmerkung 1, S. 181.

b) Ist eine offene Menge G als Vereinigung von abzählbar vielen disjunkten beschränkten Intervallen I_k dargestellt, so bezeichnet man die Summe $m(G)$ aller Inhalte $m(I_k)$ dieser Intervalle als LEBESGUEsches Maß der Menge G.

c) Man nennt eine Menge $A \subseteq \boldsymbol{R}^n$ LEBESGUE-meßbar, wenn es zu jedem $\varepsilon > 0$ eine abgeschlossene Menge F und eine offene Menge G mit $F \subseteq A \subseteq G$ gibt derart, daß das LEBESGUEsche Maß der (stets offenen) Menge $G \setminus F$ kleiner als ε ist.

d) Als LEBESGUEsches Maß einer LEBESGUE-meßbaren Menge A bezeichnet man das Infimum der Maße aller offenen Mengen $G \supset A$.

e) Man nennt eine nichtnegative Funktion f LEBESGUE-meßbar, wenn die Mengen $\{f > a\}$ für alle $a \geqq 0$ LEBESGUE-meßbar sind. Wegen Satz 3 ist f dann Grenzwert der isotonen Folge der durch (8) definierten Treppenfunktionen f_n.

f) Für jede nichtnegative LEBESGUE-meßbare Funktion f setzt man

$$\int_{\boldsymbol{R}^n} f(x)\,dx := \lim_{n\to\infty} \left(nm(A_n) + \sum_{k=1}^{n2^n} \frac{k-1}{2^n}\, m(A_{kn})\right), \quad (19),$$

wobei A und A_{kn} durch (6), (7) definiert sind (Abb. 9), und nennt f LEBESGUE-integrierbar, wenn f nebst seinem Integral endlich ist.

g) Man nennt eine Funktion φ LEBESGUE-integrierbar, wenn φ^+ und φ^- gemäß f) LEBESGUE-integrierbar sind.

Dieser Weg kommt vielleicht unseren früheren Vorstellungen vom Integralbegriff etwas näher. Die Ausführung aller Einzelheiten erfordert aber kaum einen geringeren Aufwand.

Zum Schluß dieses Abschnitts wollen wir die eingeführten Begriffe und Sätze wenigstens teilweise auf abstrakte Integrationsräume $(X, \mathscr{L}, J)$ übertragen.

Definition 2: Eine Menge $A \subseteq X$ heißt ($\mathscr{L}$-)meßbar bzw. ($\mathscr{L}$-)integrierbar, wenn dies für ihre charakteristische Funktion zutrifft, und

$$\mu(A) := \mu^J(A) = \int \chi_A(x)\,\mathrm{d}x \tag{20}$$

heißt das (J-)Maß der Menge A.

Das System der ($\mathscr{L}$-)meßbaren Mengen bildet aber im allgemeinen keine σ-Algebra, sondern nur einen sogenannten *σ-Ring.*

Satz 10: *Das System $\mathfrak{R} = \mathfrak{R}(\mathscr{L})$ aller meßbaren Mengen besitzt folgende Eigenschaften.*

a) *Die leere Menge ist meßbar.*

b) *Sind A, B meßbar, so ist $A \setminus B$ meßbar.*

c) *Sind die Mengen $A_0, A_1, \ldots$ meßbar, so ist ihre Vereinigungsmenge A meßbar.*

Beweis: Die erste Behauptung ist trivial. Es seien A, B meßbar. Wegen $\chi_{A \cap B} = \chi_A - \chi_A \cap \chi_B$ ist $A \setminus B$ meßbar.

Es seien $A_0, A_1, \ldots$ meßbar. Die Folge der meßbaren Funktionen $\chi_{A_0} \cup \chi_{A_1} \cup \cdots \cup \chi_{A_n}$ strebt isoton gegen χ_A, und folglich ist A meßbar.

Wie oben folgt aus der σ-Additivität des L-Integrals der

Satz 11: *Das von einem L-Integral erzeugte Maß μ ist σ-additiv, d. h., sind $A_0, A_1, \ldots$ paarweise disjunkte meßbare Mengen, so gilt*

$$\mu\left(\bigcup_{n=0}^{\infty} A_n\right) = \sum_{n=0}^{\infty} \mu(A_n).$$

3.3. Mengen vom Maße Null

Von hervorragender Bedeutung für die LEBESGUEsche Integrationstheorie sind die Mengen vom (LEBESGUEschen) Maße Null und der hiermit eng zusammenhängende Begriff „fast überall“.

Definition 1: Eine Menge $A \subseteq \boldsymbol{R}^n$ heißt eine *Menge vom* LEBESGUE*schen Maße Null*, wenn ihr LEBESGUEsches Maß $m(A)$ verschwindet. Ist eine Menge A vom Maße Null in einer LEBESGUE-meßbaren Menge Ω enthalten, so heißt $\Omega \setminus A$ eine *Menge von vollem Maß* bezüglich Ω.

Die letzte Bezeichnung rührt daher, daß $\chi_{\Omega\setminus A} + \chi_A = \chi_\Omega$ und demzufolge $m(\Omega) = m(\Omega \setminus A)$ ist.

Wir sagen, eine Eigenschaft einer Funktion oder eines Systems von Funktionen, die mit Hilfe des punktweisen Verhaltens charakterisiert werden kann, sei *fast überall* in Ω erfüllt, wenn es eine Menge A vom LEBESGUEschen Maße Null gibt derart, daß diese Eigenschaft in allen Punkten der Menge $\Omega \setminus A$ von vollem Maß erfüllt ist, während sie in den Punkten der Menge A verletzt sein kann. Abgekürzt schreibt man f. ü. (russ. п. в — почти всюду, engl. a. e. — almost everywhere, franz. p. p. — presque partout).

Satz 1: *Jede Teilmenge einer Menge bzw. die Vereinigung abzählbar vieler Mengen vom* LEBESGUE*schen Maße Null ist vom* LEBESGUE*schen Maße Null.*

Beweis: Ist $m(A) = 0$, so ist χ_A LEBESGUE-integrierbar, und aus $B \subseteq A$ folgt $0 \leqq \chi_B \leqq \chi_A$. Nach 2.4., Satz 11, gilt $\chi_B \in L(\boldsymbol{R}^n)$, und es ist $0 \leqq m(B) \leqq m(A) = 0$. Aus $m(A_n) = 0$ und $A = \bigcup_{n=0}^{\infty} A_n$ folgt $\chi_A \leqq \sum_{n=0}^{\infty} \chi_{A_n}$ und $0 \leqq m(A) \leqq \sum_{n=0}^{\infty} m(A_n) = 0$. Damit ist Satz 1 bewiesen.

Da $\{a\}$ eine Menge vom (eindimensionalen) LEBESGUEschen Maße Null ist, schließen wir mit Satz 1 darauf, daß jede abzählbare Menge reeller Zahlen eine Menge vom LEBESGUEschen Maße Null ist. Es gibt aber auch überabzählbare Mengen reeller Zahlen vom LEBESGUEschen Maße Null. Ein berühmtes Beispiel hierfür bildet die CANTOR*sche perfekte Menge*; sie wird wie folgt konstruiert (Abb. 11). Wir zerlegen das Intervall $F_0 := [0, 1]$ in drei gleiche Teile, und G_0 sei das zum mittleren Drittel gehörende offene Intervall. In der triadischen Darstellung der reellen Zahlen ist $G_0 = (0{,}1; 0{,}2)$. Die Menge $F_1 := F_0 \setminus G_0$ besteht aus zwei gleichlangen abgeschlossenen Intervallen, aus denen wir wiederum die mittleren Drittel $G_{10} := (0{,}01; 0{,}02)$, $G_{11} := (0{,}21; 0{,}22)$ entfernen. Wir

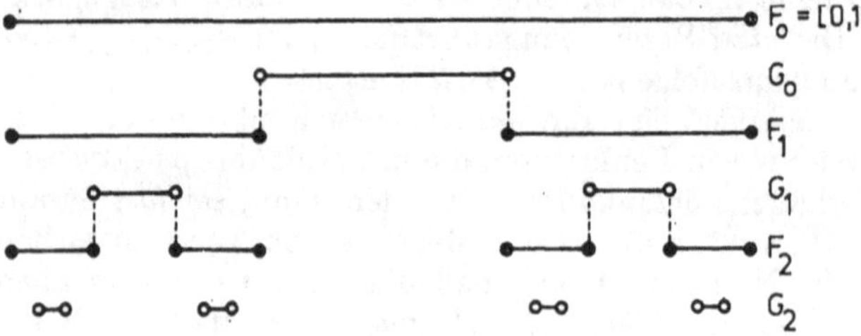

Abb. 11

setzen $G_1 := G_{10} \cup G_{11}$ und $F_2 := F_1 \setminus G_1$. In dieser Weise fortfahrend erhalten wir eine Folge paarweise disjunkter offener Mengen G_n, und für ihre Vereinigungsmenge G gilt

$$m(G) = \sum_{n=0}^{\infty} m(G_n).$$

Offensichtlich ist

$$m(G_0) = \frac{1}{3} = \frac{2^0}{3^1},$$

$$m(G_1) = \frac{1}{9} + \frac{1}{9} = \frac{2^1}{3^2},$$

$$m(G_2) = \frac{1}{27} + \frac{1}{27} + \frac{1}{27} + \frac{1}{27} = \frac{2^2}{3^3},$$

. . . .

woraus

$$m(G) = \sum_{n=0}^{\infty} \frac{2^n}{3^{n+1}} = 1,$$

folgt. Für die abgeschlossene Menge $F := F_0 \setminus G$ gilt $1 = m(F_0) = m(F) + m(G) = m(F) + 1$, d. h., F ist eine Menge vom LEBESGUEschen Maße Null. Diese Menge ist jedenfalls unendlich, denn sie umfaßt die Menge aller Randpunkte der Menge G, (vgl. Abb. 11). Unsere weiteren Betrachtungen werden zeigen, daß diese Punkte die Menge F bei weitem nicht ausschöpfen. Ist $x \in G$, so gibt es ein G_n und ein zu G_n gehörendes Intervall, in dem x liegt. Jedes solche Intervall hat aber die Gestalt $(0, a_1 \cdots a_k 1; 0, a_1 \cdots a_k 2)$ und dies bedeutet, daß in der triadischen Entwicklung von $x \in G$ mindestens eine Ziffer 1 erscheint. Es sei F' die Menge aller Punkte $x \in [0, 1)$, in deren triadischer Entwicklung $0, a_1 a_2 \cdots$ keine Ziffer 1 erscheint, und die nicht die Periode 2 besitzen. Nach dem Bewiesenen gilt $F' \cap G = \emptyset$, also $F' \subseteq F$. Jedem $x = 0, a_1 a_2 \cdots \in F'$ ordnen wir die reelle Zahl y mit der dyadischen Entwicklung $0, b_1 b_2 \cdots$ und mit $2b_k = a_k$ $(k = 1, 2, \ldots)$ zu. Hierdurch wird F' umkehrbar eindeutig auf $[0, 1)$ abgebildet, und $F \supseteq F'$ ist eine überabzählbare Menge. Sie kann also nicht etwa nur aus der abzählbaren Menge der Randpunkte von G bestehen.

Satz 2: *Jede Teilmenge einer Koordinaten-Hyperebene des Raumes $\boldsymbol{R}^n$ ist* LEBESGUE-*meßbar, und ihr* LEBESGUE*sches Maß verschwindet.*

Beweis: Eine Koordinaten-Hyperebene ist z. B. die Menge

$$H = \{a\} \times \boldsymbol{R} \times \cdots \times \boldsymbol{R}.$$

Sie ist LEBESGUE-meßbar, und es ist

$$m(H) = m(\{a\}) \, m(\boldsymbol{R}) \cdots m(\boldsymbol{R}) = 0.$$

Mit Satz 1 folgt unsere Behauptung.

Der folgende Satz zeigt, daß Mengen vom LEBESGUEschen Maße Null relativ einfach charakterisiert werden können.

Satz 3: *Eine Menge $A \subseteq \boldsymbol{R}^n$ besitzt das* LEBESGUE*sche Maß Null genau dann, wenn es zu jedem $\varepsilon > 0$ eine Überdeckung von A durch abzählbar viele Intervalle I_k mit*

$$\sum_{k=0}^{\infty}{}' m(I_k) < \varepsilon \tag{1}$$

gibt.

Beweis: Ist $m(A) = 0$, so gibt es Mengen F, G mit $F \subseteq A \subseteq G$ und $m(G \setminus F) < \varepsilon$. Wegen $m(F) = m(A) = 0$ ist $m(G) = m(G \setminus F) < \varepsilon$. Die offene Menge G kann als Vereinigung abzählbar vieler paarweise disjunkter Intervalle I_k dargestellt werden, und hieraus folgt (1).

Es existiere umgekehrt zu $\varepsilon > 0$ eine Überdeckung von A durch Intervalle I_k mit (1). Die Vereinigungsmenge $B := \bigcup_{k=0}^{\infty} I_k$ genügt wegen $\chi_B \leqq \sum_{k=0}^{\infty}{}' \chi_{I_k}$ der Bedingung $m(B) \leqq \sum_{k=0}^{\infty}{}' m(I_k)$.

Daher können wir zu jeder natürlichen Zahl j eine LEBESGUE-meßbare Menge B_j mit $A \subset B_j$ und $m(B_j) < 2^{-j}$ finden. Für die LEBESGUE-meßbare Menge $B := \bigcap_{j=0}^{\infty} B_j$ ist $m(B) \leqq m(B^j) < 2^{-j}$, also $m(B) = 0$. Als Teilmenge der Menge B vom Maße Null ist auch A vom Maße Null.

Satz 4: *Eine Menge A ist vom Maße Null genau dann, wenn die durch*

$$\omega_A(x) := \begin{cases} \infty & \text{für } x \in A \\ 0 & \text{für } x \notin A \end{cases} \tag{2}$$

definierte charakteristische Funktion 2. Art der Menge A meßbar ist und ihr Integral verschwindet.

Beweis: Die Behauptungen ergeben sich leicht aus den Relationen $n\chi_A \uparrow \omega_A$ und $\chi_A = \omega_A \cap 1$.

Satz 5: *Das Integral einer jeden meßbaren Funktion φ über eine Menge A vom Maße Null verschwindet.*

Beweis: Es ist

$$\left|\int\limits_A \varphi(x)\,\mathrm{d}x\right| \leqq \int\limits_A |\varphi(x)|\,\mathrm{d}x \leqq \int \omega_A(x)\,\mathrm{d}x = 0$$

Satz 6: *Verschwindet das Integral einer nichtnegativen meßbaren Funktion φ, so ist sie fast überall gleich Null.*

Beweis: Mit $A = \{\varphi > 0\}$ gilt $k\varphi \uparrow \omega_A$ und

$$\int\limits_{R^n} \omega_A(x)\,\mathrm{d}x = \lim_{k\to\infty} k \int\limits_{R^n} \varphi(x)\,\mathrm{d}x = 0.$$

Satz 7: *Besitzt eine meßbare Funktion φ ein endliches Integral, so ist sie fast überall endlich.*

Beweis: Es sei $A := \{|\varphi| = \infty\}$. Die Folge $\left(\frac{1}{k}|\varphi|\right)$ konvergiert antiton gegen ω_A, und es ist

$$\int\limits_{R^n} \omega_A(x)\,\mathrm{d}x \leqq \frac{1}{k} \int\limits_{R^n} |\varphi(x)|\,\mathrm{d}x < \infty.$$

Somit verschwindet das Integral von ω_A, und A ist eine Menge vom Maße Null.

Jetzt erkennen wir, daß Mengen vom Maße Null implizit bereits zu einem sehr frühen Zeitpunkt unserer Untersuchungen aufgetreten sind.

Satz 8: *Eine Menge A ist vom Maße Null genau dann, wenn es eine* Levi*-Folge gibt, die genau in den Punkten der Menge A divergiert.*

Beweis: Die Menge A der Divergenzpunkte einer Levi-Folge (φ_n) mit der Grenzfunktion φ ist offensichtlich gleich der Menge $\{\varphi = \infty\}$.

Ist A vom Maße Null, so ist ω_A eine Levi-Funktion und $A = \{\omega_A = \infty\}$. Ist umgekehrt φ eine Levi-Funktion, so besitzt φ ein endliches Integral, und $A = \{\varphi = \infty\}$ ist nach Satz 7 vom Maße Null.

In den beiden folgenden Sätzen machen wir wesentlich von der Vollständigkeit des LEBESGUEschen Integrals Gebrauch.

Satz 9: *Ist die Trägermenge* $\{\varphi \neq 0\}$ *einer numerischen Funktion in einer Menge* A *vom* LEBESGUE*schen Maße Null enthalten, so ist* φ LEBESGUE-*meßbar.*

Beweis: Es genügt den Fall $\varphi \geqq 0$ zu betrachten. Für $a \geqq 0$ ist $\{\varphi > a\} \subseteq A$, für $a < 0$ ist $\{\varphi > a\} = \boldsymbol{R}^n$ und auf Grund von 3.2., Satz 2, ist φ meßbar.

Satz 10: *Eine Funktion* φ *ist* LEBESGUE-*meßbar genau dann, wenn es eine Folge von Funktionen* f_k *aus* $C_0(\boldsymbol{R}^n)$ *gibt, die fast überall gegen* φ *konvergiert.*

Beweis: Ist φ meßbar, $\varphi \geqq 0$, so gibt es nach 2.3., Satz 4, Funktionen $f_k, g_k \in C_0(\boldsymbol{R}^n)$ mit $f_k \uparrow F$, $g_k \uparrow G$, $\varphi + G = F$ und $\int\limits_{\boldsymbol{R}^n} G(x)\,\mathrm{d}x < \infty$. Die Menge $A := \{G = \infty\}$ ist nach Satz 7 vom Maße Null, und für $x \notin A$ gilt $\varphi(x) = F(x) - G(x)$,

$$\varphi(x) = \lim_{k \to 0} \big(f_k(x) - g_k(x)\big).$$

Somit gilt $f_k - g_k \to \varphi$ f. ü..

Ist φ meßbar, so gibt es hiernach Funktionen f_k', $g_k' \in C_0(\boldsymbol{R}^n)$ mit $f_k' \to \varphi^+$ f. ü. und $g_k' \to \varphi^-$ f. ü.. Die Vereinigungsmenge der Punkte, in denen keine Konvergenz vorliegt, ist wieder vom Maße Null, und es folgt $f_k' - g_k' \to \varphi$ f. ü..

Es gebe umgekehrt zu einer numerischen Funktion φ eine Folge von Funktionen $f_k \in C_0(\boldsymbol{R}^n)$ mit $f_k \to \varphi$ f. ü., und A sei die Menge der Punkte, in denen die Folge nicht konvergiert. Die Funktionen $f_k\chi_{\bar{A}}$ sind meßbar, also auch ihr Grenzwert $\varphi\chi_{\bar{A}}$. Desgleichen ist $\varphi\chi_A$ nach Satz 9 meßbar, und dasselbe gilt für $\varphi = \varphi\chi_A + \varphi\chi_{\bar{A}}$.

Die bisher bewiesenen Sätze können weitgehend auf allgemeine Integrationsräume $(X, \mathcal{L}, J)$ übertragen werden. Es empfiehlt sich dabei allerdings, die Definition der

Menge vom Maße Null auf das in Satz 4 oder das in Satz 8 genannte Kriterium zu stützen. Es gibt nämlich Integrationsräume, in denen aus der Meßbarkeit von ω_A nicht auf die Meßbarkeit von χ_A geschlossen werden kann. Wollte man also als Mengen A vom Maße Null in solchen Räumen genau diejenigen bezeichnen, für die χ_A meßbar und $\mu(A) = 0$ ist, so blieben Satz 7 und Satz 8 nicht mehr gültig. Deswegen geben wir die etwas allgemeinere

Definition 2: Es sei $(X, \mathcal{L}, J)$ ein Integrationsraum. Eine Menge $A \subseteq X$ heißt eine *Menge vom Maße Null*, wenn ihre charakteristische Funktion 2. Art ω_A meßbar ist und ihr Integral verschwindet.

In den von uns gegebenen Anwendungen wird allerdings stets aus der Meßbarkeit von ω_A die Meßbarkeit von χ_A folgen, so daß an Stelle des in Definition 2 genannten Kriteriums auch die einprägsamere Forderung $\mu(A) = 0$ treten kann.

Die Sätze 5, 6, 7 und 8 bleiben nun unverändert gültig. Wir haben dies bereits dadurch vorweggenommen, daß wir einfach „meßbar" an Stelle von „Lebesgue-meßbar" geschrieben haben. Auch Satz 9 kann auf vollständige L-Integrale übertragen werden. Schließlich gilt Satz 10 auch für ein von einem Integral J auf $\mathcal{E}$ erzeugtes L-Integral J_L, wobei $C_0(\boldsymbol{R}^n)$ durch $\mathcal{E}$ zu ersetzen ist.

Satz 11: *In jedem Integrationsraum* $(X, \mathcal{L}, J)$ *bildet das System* $\mathfrak{N}(J)$ *aller Mengen vom Maße Null einen* σ-*Ring.*

Beweis: Wegen $\omega_\emptyset = 0$ ist $\emptyset \in \mathfrak{N}(J)$. Es sei $A, B \in \mathfrak{N}(J)$. Dann ist $\omega_{A \setminus B} = \omega_A \chi_{\bar{B}}$ meßbar, weil $\bar{B}$ als Komplement der Trägermenge B der meßbaren Funktion ω_B ein Integrationsbereich ist. Wegen $0 \leqq \omega_{A \setminus B} \leqq \omega_A$ ist $A \setminus B \in \mathfrak{N}(J)$.

Es sei schließlich $A_n \in \mathfrak{N}(J)$ und $A = \bigcup\limits_{n=0}^{\infty} A_n$, woraus

$$\int \omega_A(x)\,\mathrm{d}x = \int \sum_{n=0}^{\infty} \omega_{A_n}(x)\,\mathrm{d}x = \sum_{n=0}^{\infty} \int \omega_{A_n}(x)\,\mathrm{d}x = 0,$$

also $A \in \mathfrak{N}(J)$ folgt.

Auch in allgemeinen Integrationsräumen bezeichnen wir die Komplementärmengen der Mengen vom Maße Null als Mengen von vollem Maß. Besonders wichtig für die Anwendungen ist die Feststellung, daß der Durchschnitt abzählbar vieler Mengen von vollem Maß als Komplement abzählbar vieler Mengen vom Maße Null wieder von vollem Maß ist.

Die Konvergenzsätze von LEVI und LEBESGUE können jetzt dadurch verallgemeinert werden, daß in einigen Voraussetzungen der Zusatz „f. ü." hinzugefügt wird. So genügt es z. B., daß eine LEVI-Folge (φ_n) f. ü. gegen eine endliche meßbare Funktion φ konvergiert, um hieraus auf $\varphi \in \mathcal{L}$ zu schließen. Desgleichen folgt aus der Meßbarkeit von φ, φ_n, aus $|\varphi_n| \leqq \psi$ f. ü., $\psi \in \mathcal{L}$ und $\varphi_n \to \varphi$ f. ü. stets $\varphi \in \mathcal{L}$. Es gibt dann eine Menge A vom Maße Null mit $\varphi_n(x) \to \varphi(x)$, $|\varphi_n(x)| \leqq \psi(x)$ für $x \notin A$. Für die Funktionen

$$\varphi_n' := \varphi_n \chi_{\bar{A}} + \varphi \chi_A$$

sind alle Voraussetzungen der ursprünglichen Sätze von LEVI bzw. LEBESGUE erfüllt, und wir haben

$$\int \varphi(x)\, \mathrm{d}x = \lim_{n\to\infty} \int \varphi_n'(x)\, \mathrm{d}x = \lim_{n\to\infty} \int \varphi_n(x)\, \mathrm{d}x,$$

so daß die genannten Sätze auch bei unseren allgemeineren Voraussetzungen erfüllt bleiben.

3.4. Der Satz von Fubini

Für alle Funktionen $f \in C_0(\mathbf{R}^n)$ haben wir bereits nachgewiesen, daß ihr LEBESGUEsches Integral unabhängig von der Reihenfolge durch iterierte Integration berechnet werden kann. Dieser Sachverhalt soll jetzt allgemein bewiesen werden, wobei allerdings eine Einschränkung gemacht werden muß. Es ist nämlich von vornherein gar nicht zu erwarten, daß jedes Integral einer Funktion $\varphi \in L(\mathbf{R}^2)$ als Doppelintegral berechnet werden kann.

Dies zeigt das folgende einfache Beispiel, in dem die Existenz einer nicht LEBESGUE-meßbaren Menge $A \subseteq R$ (die mit Hilfe des Auswahlaxioms bewiesen werden kann) vorausgesetzt wird. Die Menge $A \times \{0\} \subseteq \boldsymbol{R}^2$ ist als Teilmenge einer Hyperebene (hier also einer Geraden) meßbar, und es ist

$$m(A \times \{0\}) = \int_{\boldsymbol{R}^2} \chi_{A \times \{0\}}(x, y)\, \mathrm{d}(x, y) = \int_{\boldsymbol{R}^2} \chi_A(x)\, \chi_{\{0\}}(y)\, \mathrm{d}(x, y).$$

Das Doppelintegral der Funktion $\chi_{A \times \{0\}}$ in der Reihenfolge $\mathrm{d}x, \mathrm{d}y$ existiert aber nicht, weil die Funktion

$$y \mapsto \int_{\boldsymbol{R}} \chi_A(x)\, \chi_{\{0\}}(y)\, \mathrm{d}x = \chi_{\{0\}}(y) \int \chi_A(x)\, \mathrm{d}x$$

für $y = 0$ nicht definiert ist. Allerdings ist die Menge der Punkte y, für die dieses Integral nicht existiert, eine Menge vom Maße Null, und ein ganz ähnlicher Sachverhalt wird sich im allgemeinen Fall ergeben.

Zur einfacheren Formulierung des Satzes von FUBINI führen wir die folgende Sprechweise ein. Wir sagen, das *Doppelintegral* einer Funktion $\varphi \colon \boldsymbol{R}^p \times \boldsymbol{R}^q \to \boldsymbol{R}^a$ *in der Reihenfolge* $\mathrm{d}x, \mathrm{d}y$ *existiere* bzw. es *existiere für fast alle* y, wenn folgende Bedingungen erfüllt sind.

a) Für alle $y \in \boldsymbol{R}^q$ bzw. für alle $y \in \boldsymbol{R}^q$ mit Ausnahme der Punkte einer Menge vom Maße Null ist die Funktion

$$\varphi(\cdot, y) \colon x \mapsto \varphi(x, y) \tag{1}$$

$L(\boldsymbol{R}^p)$-meßbar und ihr Integral

$$\varphi^*(y) := \int_{\boldsymbol{R}^p} \varphi(x, y)\, \mathrm{d}x \tag{2}$$

existiert für diese Punkte y.

b) Die auf $\boldsymbol{R}^q$ bzw. fast überall auf $\boldsymbol{R}^q$ definierte Funktion φ^* ist $L(\boldsymbol{R}^q)$-meßbar bzw. kann zu einer $L(\boldsymbol{R}^q)$-meßbaren Funktion fortgesetzt werden, und das Integral dieser Funktion über $\boldsymbol{R}^q$ existiert.

Sind diese Bedingungen erfüllt, so ist die Art der Fortsetzung von φ^* ohne Einfluß auf den Wert des Integrals, weil Integrale über Mengen vom Maße Null stets verschwinden. Wir dürfen also

$$\int_{\boldsymbol{R}^q} \varphi^*(y)\, \mathrm{d}y = \int_{\boldsymbol{R}^q}\int_{\boldsymbol{R}^p} \varphi(x, y)\, \mathrm{d}x\, \mathrm{d}y$$

schreiben, auch dann, wenn φ^* nicht überall (in jedem Fall aber fast überall) auf $\boldsymbol{R}^q$ definiert ist.

Analog wird die Existenz des Doppelintegrals in der Reihenfolge $\mathrm{d}y$, $\mathrm{d}x$ definiert. Mit diesen Vereinbarungen kann der Satz von FUBINI für LEBESGUEsche Integrale sehr einfach formuliert werden.

Satz 1: *Existiert das* $(p + q)$*-dimensionale* LEBESGUE*sche Integral einer* $L(\boldsymbol{R}^{p+q})$*-meßbaren Funktion* $\varphi\colon (x, y) \mapsto \varphi(x, y)$ $(x \in \boldsymbol{R}^p, y \in \boldsymbol{R}^q)$ *so existieren ihre Doppelintegrale in der Reihenfolge* $\mathrm{d}x, \mathrm{d}y$ *für fast alle* y *bzw. in der Reihenfolge* $\mathrm{d}y, \mathrm{d}x$ *für fast alle* x, *und es ist*

$$\int_{\boldsymbol{R}^{p+q}} \varphi(x, y)\, \mathrm{d}(x, y) = \int_{\boldsymbol{R}^q}\int_{\boldsymbol{R}^p} \varphi(x, y)\, \mathrm{d}x\, \mathrm{d}y = \int_{\boldsymbol{R}^p}\int_{\boldsymbol{R}^q} \varphi(x, y)\, \mathrm{d}y\, \mathrm{d}x. \quad (3)$$

Um den Beweis später ohne Mühe auf allgemeine Integrationsräume übertragen zu können, wollen wir vom vorliegenden Sachverhalt abstrahieren. Gegeben sind zwei vollständige Integrationsräume $(X, \mathscr{L}_1, J_1)$ und $(Y, \mathscr{L}_2, J_2)$. In unserem konkreten Fall entspricht J_1 bzw. J_2 dem p- bzw. q-dimensionalen LEBESGUEschen Integral. Ferner gebe es einen Vektorverband $\mathscr{E}$ von Funktionen $f\colon X \times Y \to \boldsymbol{R}$ derart, daß das Doppelintegral von $f\colon (x, y) \mapsto f(x, y)$ $(x \in X,\ y \in Y)$ in der Reihenfolge $\mathrm{d}x, \mathrm{d}y$ stets existiere. Dann wird offensichtlich durch

$$J(f) := \int\int f(x, y)\, \mathrm{d}x\, \mathrm{d}y \quad (4)$$

ein Integral auf $\mathscr{E}$ definiert, das zu einem vollständigen L-Integral J_L auf dem Vektorverband $L(J)$ fortgesetzt werden kann. In unserem Fall liegt dieser Sachverhalt vor, wenn wir $\mathscr{E}$ mit $C_0(\boldsymbol{R}^{p+q})$ und J_L mit dem $(p+q)$-dimensionalen LEBESGUEschen Integral identifizieren. Mit der üblichen Bezeichnung

$$\int \varphi(x, y) \, \mathrm{d}(x, y) := J_L(\varphi)$$

ist die Identität

$$\int \varphi(x, y) \, \mathrm{d}(x, y) = \int\int \varphi(x, y) \, \mathrm{d}x \, \mathrm{d}y \tag{5}$$

für alle diejenigen Funktionen φ zu beweisen, für die das links stehende Integral existiert. Kann $\mathrm{d}x, \mathrm{d}y$ in (4) vertauscht werden, so gilt das Entsprechende für (5).

Nun schreiten wir zum Beweis des Satzes von FUBINI. Es sei zuerst φ eine nichtnegative Funktion aus $L(J)$. Wir wählen LEVI-Folgen von Funktionen $f_n, g_n \in \mathscr{E}$ mit $\varphi + \lim\limits_{n\to\infty} g_n = \lim\limits_{n\to\infty} f_n$, also

$$\int \varphi(x, y) \, \mathrm{d}(x, y) = \lim_{n\to\infty} \int\int \bigl(f_n(x, y) - g_n(x, y)\bigr) \, \mathrm{d}x \, \mathrm{d}y. \tag{6}$$

Für alle $y \in Y$ existieren nach Voraussetzung

$$f_n^*(y) := \int f_n(x, y) \, \mathrm{d}x, \quad g_n^*(y) := \int g_n(x, y) \, \mathrm{d}x.$$

Die Folgen (f_n^*), (g_n^*) sind isoton, und aus

$$\lim_{n\to\infty} \int f_n^*(y) \, \mathrm{d}y = \lim_{n\to\infty} \int\int f_n(x, y) \, \mathrm{d}x \, \mathrm{d}y < \infty$$

folgt, daß (f_n^*) ebenso wie (g_n^*) eine LEVI-Folge bezüglich J_2 ist. Durch Übergang von den Folgen (f_n), (g_n) zu den Folgen $(2f_n + g_n)$, $(f_n + 2g_n)$ können wir erreichen, daß die Folgen (f_n^*), (g_n^*) in genau den gleichen Punkten konvergieren bzw. divergieren. Die Menge $A \subseteq Y$ der gemeinsamen Divergenzpunkte ist vom Maße Null, und für $y \notin A$ gilt

$$\lim_{n\to\infty} J_1\bigl(f_n(\cdot, y)\bigr) = \lim_{n\to\infty} \int f_n(x, y) \, \mathrm{d}x = \lim_{n\to\infty} f_n^*(y) < \infty.$$

Dies besagt, daß $f_n(\cdot, y)$ und ebenso $g_n(\cdot, y)$ für $y \notin A$ LEVI-Folgen bezüglich J_1 bilden. Wegen

$$\varphi(\cdot, y) + \lim_{n\to\infty} g_n(\cdot, y) = \lim_{n\to\infty} f_n(\cdot, y)$$

haben wir $\varphi(\cdot, y) \in \mathcal{L}_1$ für $y \notin A$, und Integration ergibt

$$\int \varphi(x, y)\,dx + \lim_{n\to\infty} g_n{}^*(y) = \lim_{n\to\infty} f_n{}^*(y) \qquad (y \in Y \setminus A).$$

Diese Gleichung ist auch in den Punkten $y \in Y$ erfüllt, in denen $\varphi(\cdot, y)$ zwar meßbar ist, aber ein unendliches Integral besitzt, weil dort auch $\big(f_n{}^*(y)\big)$ und $\big(g_n{}^*(y)\big)$ divergieren.

Erteilen wir der Funktion φ^* mit

$$\varphi^*(y) := \int \varphi(x, y)\,dx$$

in den Punkten y, in denen $\varphi(\cdot, y)$ nicht meßbar ist, einen beliebigen (nichtnegativen) endlichen Wert, so wird $\varphi^* \mathcal{L}_2$-meßbar, und es gilt

$$\varphi^* + \lim_{n\to\infty} g_n{}^* = \lim_{n\to\infty} f_n{}^*.$$

Integration ergibt

$$\int \varphi^*(y)\,dy + \lim_{n\to\infty} \int g_n{}^*(y)\,dy = \lim_{n\to\infty} \int f_n{}^*(y)\,dy,$$

also

$$\int\int \varphi(x, y)\,dx\,dy = \lim_{n\to\infty} \int\int \big(f_n(x, y) - g_n(x, y)\big)\,dx\,dy.$$

Der Vergleich mit (6) zeigt, daß die Behauptung für $\varphi \in L(J)$, $\varphi \geqq 0$ erfüllt ist. Ist φ meßbar, $\varphi \geqq 0$, so wählen wir $\varphi_n \in L_+(J)$ mit $\varphi_n \uparrow \varphi$. Es sei A die Menge der Punkte $y \in Y$, in denen $\varphi(\cdot, y)$ nicht meßbar ist. Wegen $\varphi_n(\cdot, y) \uparrow \varphi(\cdot, y)$ folgt aus $y \in A$, daß wenigstens eine der Funktionen $\varphi_n(\cdot, y)$ nicht meßbar ist. Daher ist A in der Vereinigung abzählbar vieler Mengen vom Maße Null enthalten und damit selbst vom Maße Null. Das Doppelintegral von φ in der Reihenfolge dx, dy existiert, und es ist

$$\int \varphi(x, y)\,\mathrm{d}(x, y) = \lim_{n\to\infty} \int \varphi_n(x, y)\,\mathrm{d}(x, y)$$

$$= \lim_{n\to\infty} \int\int \varphi_n\,(x, y)\,\mathrm{d}x\,\mathrm{d}y$$

$$= \int\int \varphi(x, y)\,\mathrm{d}x\,\mathrm{d}y.$$

Existiert schließlich das Integral einer $L(J)$-meßbaren Funktion φ, so gilt (5) mit φ^+, φ^- statt φ, und da wenigstens eines dieser Integrale endlich ist, erhalten wir die

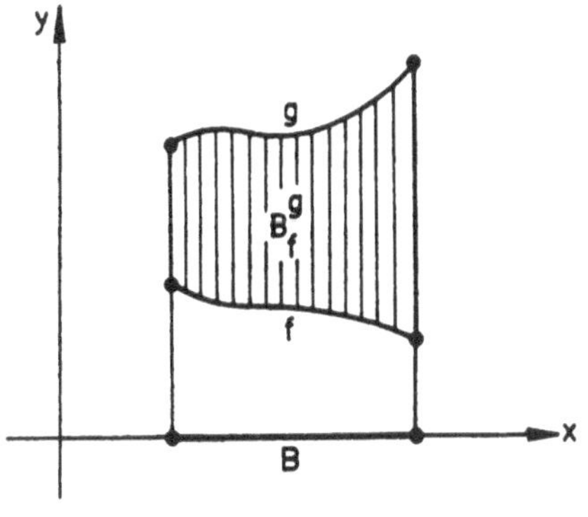

Abb. 12

Behauptung durch Differenzbildung. Damit ist der Satz von FUBINI bewiesen. Insbesondere möchten wir hervorheben, daß die Voraussetzungen für jede *nichtnegative* $L(\boldsymbol{R}^{p+q})$-meßbare Funktion erfüllt sind.

Auf Grund des Satzes von FUBINI lassen sich die LEBESGUEschen Integrale vieler Funktionen mit Hilfe klassischer Methoden berechnen. Dies geschieht im allgemeinen durch schrittweise Reduktion des Integrals. Es sei z. B.

$B \subset \boldsymbol{R}^p$ eine abgeschlossene Menge und f, g seien stetige Funktionen mit $f(x) \leqq g(x)$ für $x \in B$. Dann ist der sogenannte *Normalbereich*

$$B_f{}^g := \{(x, y) : x \in B,\ y \in \boldsymbol{R}, f(x) \leqq y \leqq g(x)\}$$

(Abb. 12) abgeschlossen und damit meßbar. Durch Grenzprozesse kann man sogar zeigen, daß $B_f{}^g$ auch dann meßbar ist, wenn B bzw. f und g nur meßbar sind.

Für alle nichtnegativen meßbaren Funktionen φ haben wir also, wenn wir

$$\chi_{B_f{}^g}(x, y) = \chi_B(x)\, \chi_{[f(x),\, g(x)]}\,(y)$$

berücksichtigen,

$$\int\limits_{B_f{}^g} \varphi(x, y)\, \mathrm{d}(x, y) = \int\limits_{\boldsymbol{R}^p} \int\limits_{\boldsymbol{R}} \chi_B(x)\, \chi_{[f(x),\, g(x)]}(y)\, \varphi(x, y)\, \mathrm{d}y\, \mathrm{d}x,$$

und wir erhalten die *Reduktionsformel*

$$\int\limits_{B_f{}^g} \varphi(x, y)\, \mathrm{d}(x, y) = \int\limits_B \int\limits_{f(x)}^{g(x)} \varphi(x, y)\, \mathrm{d}y\, \mathrm{d}x. \tag{7}$$

Nach Auswertung des inneren Integrals mit klassischen Methoden ist die Berechnung des $(p + 1)$-dimensionalen Integrals auf ein p-dimensionales Integral zurückgeführt. Für $\varphi = 1$ erhalten wir

$$m(B_f{}^g) = \int\limits_B \big(g(x) - f(x)\big)\mathrm{d}x.$$

Im Fall $I = [a, b]$ und

$$B = I_f{}^g = \{(x, y):\ a \leqq x \leqq b,\ f(x) \leqq y \leqq g(x)\} \tag{8}$$

geht (7) in die bekannte Berechnungsformel für Doppelintegrale

$$\int\limits_B \varphi(x, y)\, \mathrm{d}(x, y) = \int\limits_a^b \int\limits_{f(x)}^{g(x)} \varphi(x, y)\, \mathrm{d}y\, \mathrm{d}x \tag{9}$$

über. Zweimalige Anwendung des Satzes von FUBINI ergibt für den Normalbereich

$$B = \{(x, y, z) : a \leqq x \leqq b, \quad f(x) \leqq y \leqq g(x),$$
$$u(x, y) \leqq z \leqq v(x, y)\}$$

die Berechnungsformel

$$\int_B \varphi(x, y, z) \, \mathrm{d}(x, y, z) = \int_a^b \int_{f(x)}^{g(x)} \int_{u(x,y)}^{v(x,y)} \varphi(x, y, z) \, \mathrm{d}x \, \mathrm{d}y \, \mathrm{d}z. \quad (10)$$

Als weitere Anwendung von Satz 1 beweisen wir den *großen Umordnungssatz* für Doppelreihen.

Satz 2: *Es sei* (a_{mn}) *eine Doppelfolge derart, daß die Summe der Absolutbeträge von je endlich vielen Gliedern eine gegebene Konstante K nicht überschreitet. Für jede lineare Anordnung* $a_{m_0 n_0}, a_{m_1 n_1}, \ldots$ *der Doppelfolge gilt*

$$\sum_{j=0}^{\infty} a_{m_j n_j} = \sum_{m=0}^{\infty} \sum_{n=0}^{\infty} a_{mn} = \sum_{n=0}^{\infty} \sum_{m=0}^{\infty} a_{mn},$$

und diese Summen sind endlich.

Beweis: Die Voraussetzungen, die wir für den Beweis des Satzes von FUBINI getroffen hatten, sind erfüllt, wenn wir J_1 und J_2 mit dem diskreten Integral über $\boldsymbol{N}$ identifizieren und $\mathscr{E} := \mathscr{E}(\boldsymbol{N} \times \boldsymbol{N})$ setzen. Die Voraussetzungen von Satz 2 besagen nach 2.5., Satz 1, daß $\alpha \in l(\boldsymbol{N} \times \boldsymbol{N})$ ist. Die Behauptung ist daher nichts anderes als der Satz von FUBINI.

3.5. Riemannsches und Lebesguesches Integral

In einem früheren Abschnitt hatten wir bereits festgestellt, daß RIEMANNsches und LEBESGUEsches Integral einer stetigen Funktion f über ein Intervall $[a, b]$ übereinstimmen. Dies Ergebnis läßt sich wie folgt verallgemeinern.

Satz 1: *Eine auf $\boldsymbol{R}^n$ definierte beschränkte Funktion f, deren Trägermenge im Innern eines kompakten Intervalls $I^* \subset \boldsymbol{R}^n$ liegt, ist über I^* im RIEMANNschen Sinne integrierbar genau dann, wenn ihre Unstetigkeitspunkte eine Menge vom LEBESGUEschen Maße Null bilden. Ihr RIEMANNsches Integral über I^* stimmt dann mit ihrem LEBESGUEschen Integral überein.*

Beweis: Für alle $A \subseteq \boldsymbol{R}^n$ setzen wir

$$\underline{f}(A) := \inf_{x \in A} f(x), \quad \bar{f}(A) := \sup_{x \in A} f(x).$$

In 3.2. hatten wir die Systeme $\mathfrak{D}_m^{(n)}$ aller dyadischen Intervalle m-ter Ordnung eingeführt und dasjenige Intervall m-ter Ordnung, in dem ein gegebener Punkt $x \in \boldsymbol{R}^n$ liegt, mit $I_m(x)$ bezeichnet. Es sei

$$\underline{f}_m(x) := \underline{f}(I_m(x)), \quad \bar{f}_m(x) := \bar{f}(I_m(x)).$$

Wegen $I_{m+1}(x) \subset I_m(x)$ ist offensichtlich $\underline{f}_m \leqq \underline{f}_{m+1} \leqq f \leqq \bar{f}_{m+1} \leqq \bar{f}_m$, und es gibt Funktionen $\underline{f}, \bar{f}$ mit $\underline{f}_m \uparrow \underline{f}$, $\bar{f}_m \downarrow \bar{f}$ und

$$\underline{f}_m \leqq \underline{f} \leqq f \leqq \bar{f} \leqq \bar{f}_m.$$

Aus $x \in I$ und $I \in \mathfrak{D}_m^{(n)}$ folgt nach Definition $\underline{f}_m(x) = \underline{f}(I)$, und hieraus entnehmen wir leicht die Darstellung

$$\underline{f}_m = \sum_{I \in \mathfrak{D}_m^{(n)}} \underline{f}(I)\, \chi_I, \quad \bar{f}_m = \sum_{I \in \mathfrak{D}_m^{(n)}} \bar{f}(I)\, \chi_I.$$

Hierin sind höchstens endlich viele Summanden von Null verschieden, weil f außerhalb von I^* verschwindet. Die Funktionen $\underline{f}_m, \bar{f}_m$ liegen daher in $L(\boldsymbol{R}^n)$, und es ist

$$\int_{\boldsymbol{R}^n} \underline{f}_m(x)\, \mathrm{d}x = \sum_{I \in \mathfrak{D}_m^{(n)}} \underline{f}(I)\, m(I), \quad \int_{\boldsymbol{R}^n} \bar{f}_m(x)\, \mathrm{d}x = \sum_{I \in \mathfrak{D}_m^{(n)}} \bar{f}(I)\, m(I).$$

Das LEBESGUEsche Integral der Funktionen $\underline{f}_m, \bar{f}_m$ stellt also nichts anderes als die zur Zerlegung von I^* in dyadische Intervalle m-ter Ordnung gehörende Unter- bzw. Obersumme dar. Da der Durchmesser der Intervalle für $m \to \infty$ gegen Null strebt, ist der Grenzwert der Folge der Unter- bzw. Obersummen gleich dem unteren DARBOUXschen Integral $\underline{J}(f)$ bzw. gleich dem oberen DARBOUXschen Integral $\bar{J}(f)$ der Funktion f über das Intervall I^*. Andererseits streben die LEBESGUEschen Integrale der Funktionen $\underline{f}_m$ bzw. $\bar{f}_m$ gegen das LEBESGUEsche Integral der Funktion $\underline{f}$ bzw. $\bar{f}$, d. h., es ist

$$\underline{J}(f) = \int_{\boldsymbol{R}^n} \underline{f}(x)\,\mathrm{d}x, \quad \bar{J}(f) = \int_{\boldsymbol{R}^n} \bar{f}(x)\,\mathrm{d}x.$$

Hieraus resultiert das Zwischenergebnis: Die Funktion f ist im RIEMANNschen Sinn über I^* integrierbar genau dann, wenn $\underline{J}(f) = \bar{J}(f)$ also

$$\int_{\boldsymbol{R}^n} (\bar{f}(x) - \underline{f}(x))\,\mathrm{d}x = 0$$

oder, was wegen $\bar{f} - \underline{f} \geqq 0$ gleichbedeutend ist, wenn

$$m(\{\bar{f} \neq \underline{f}\}) = 0$$

ist. Sind diese Bedingungen erfüllt, so folgt aus $\underline{f} \leqq f \leqq \bar{f}$ stets $\{f \neq \underline{f}\} \subseteq \{\bar{f} \neq \underline{f}\}$. Die Funktion f unterscheidet sich von der LEBESGUE-integrierbaren Funktion $\underline{f}$ höchstens in den Punkten einer Menge vom Maße Null. Sie ist daher selbst LEBESGUE-integrierbar, und es ist

$$\int_{\boldsymbol{R}^n} f(x)\,\mathrm{d}x = \int_{\boldsymbol{R}^n} \underline{f}(x)\,\mathrm{d}x = \underline{J}(f) = \bar{J}(f),$$

d. h., RIEMANNsches und LEBESGUEsches Integral stimmen überein.

Unser Satz ist also vollständig bewiesen, wenn wir zeigen können, daß die Menge der Unstetigkeitspunkte von f meßbar und

$$m(\{\bar{f} \neq \underline{f}) = m(\{x\colon f \text{ unstetig in } x\}) \tag{1}$$

ist. Es sei D die Vereinigungsmenge aller Randpunkte von Intervallen I aus $\mathfrak{D}_0^{(n)}, \mathfrak{D}_1^{(n)}, \ldots$ Da diese in der Vereinigung abzählbar vieler Hyperebenen liegen, ist D eine Menge vom Maße Null.

Es sei $a \notin D$ und $\underline{f}(a) = \bar{f}(a)$. Zu $\varepsilon > 0$ wählen wir ein m mit $\bar{f}_m(a) - \underline{f}_m(a) < \varepsilon$. Wegen $a \notin D$ liegt a im Innern U des Intervalls $I_m(a)$. Für alle $x \in U$ gilt $|f(x) - f(a)| \leqq \bar{f}(I_m(a)) - \underline{f}(I_m(a)) = \bar{f}_m(a) - \underline{f}_m(a) < \varepsilon$, und f ist in a stetig. Dies besagt $\{\bar{f} = \underline{f}\} \setminus D \subseteq \{x\colon f \text{ stetig in } x\}$ oder, wenn wir zu den Komplementärmengen übergehen,

$$\{x\colon f \text{ unstetig in } x\} \subseteq \{\bar{f} \neq \underline{f}\} \cup D. \tag{2}$$

Es sei f stetig in a. Zu $\varepsilon > 0$ gibt es eine Umgebung U von a mit $|f(x) - f(a)| < \varepsilon$ für alle $x \in U$. Wir können m so groß wählen, daß $I_m(a)$ ganz im Innern von U liegt. Aus $x', x'' \in I_m(a)$ folgt

$$|f(x') - f(x'')| \leqq |f(x') - f(a)| + |f(x'' - a)| < 2\varepsilon,$$

so daß

$$\bar{f}(a) - \underline{f}(a) \leqq \bar{f}_m(a) - \underline{f}_m(a) \leqq 2\varepsilon$$

ist. Hiernach ist $\bar{f}(a) = \underline{f}(a)$, und wir haben $\{x\colon f \text{ stetig in } x\} \subseteq \{\bar{f} = \underline{f}\}$ oder

$$\{\bar{f} \neq \underline{f}\} \subseteq \{x\colon f \text{ unstetig in } x\} \tag{3}$$

bewiesen. Aus (2) und (3) erkennen wir, daß sich die Menge $\{\bar{f} \neq \underline{f}\}$ höchstens in einer Menge vom Maße Null von der Menge der Unstetigkeitspunkte von f unterscheidet. Damit ist (1), also auch unser Satz bewiesen.

Eine beschränkte Menge $A \subseteq \boldsymbol{R}^n$ heißt *quadrierbar*, wenn die Funktion χ_A über ein Intervall, das die Menge A im Innern enthält, im RIEMANNschen Sinne integrierbar ist. Es ergibt sich nun sehr leicht

Satz 2: *Eine beschränkte Menge $A \subseteq \boldsymbol{R}^n$ ist quadrierbar genau dann, wenn ihre Randpunkte eine Menge vom* LEBESGUE*schen Maße Null bilden.*

Beweis: Die Funktion χ_A ist in $x \in \boldsymbol{R}^n$ unstetig genau dann, wenn x ein Randpunkt von A ist, und die Behauptung folgt aus Satz 1.

4. L-Integrale und normierte Räume

4.1. Äquivalente Funktionen

Ein linearer Raum E heißt bekanntlich ein *normierter Raum*, wenn den Elementen $\varphi \in E$ eine nichtnegative reelle Zahl $\|\varphi\|$ als *Norm* zugeordnet ist, wobei die Eigenschaften

$$\|\lambda\varphi\| = |\lambda|\,\|\varphi\| \qquad (\lambda \in \boldsymbol{R}), \tag{1}$$

$$\|\varphi + \psi\| \leqq \|\varphi\| + \|\psi\|, \tag{2}$$

$$\|\varphi\| > 0 \quad \text{für} \quad \varphi \neq 0 \tag{3}$$

gefordert werden.

Wir prüfen, ob diese Bedingungen erfüllt sind, wenn wir $\|\varphi\|$ für die integrierbaren Funktionen eines Integrationsraumes $(X, \mathcal{L}, J)$ durch

$$\|\varphi\| := \int |\varphi(x)| \, dx \tag{4}$$

definieren. Offensichtlich sind (1) und (2) erfüllt, doch kann aus $\int |\varphi(x)| \, dx = 0$ nur auf $\varphi(x) = 0$ f. ü. geschlossen werden. Dies veranlaßt uns, im Raum $\mathcal{L}$ der integrierbaren oder allgemeiner der $\mathcal{L}$-meßbaren Funktionen eine *Klasseneinteilung* einzuführen. Sie beruht auf

Satz 1: *Im Bereich der $\mathcal{L}$-meßbaren Funktionen wird durch $\varphi = \varphi'$ f. ü. eine Äquivalenzrelation definiert.*

Beweis: Die Reflexivität und Symmetrie sind offensichtlich. Gilt $\varphi = \varphi'$ f. ü. und $\varphi' = \varphi''$ f. ü., so sind die Mengen $\{\varphi \neq \varphi'\}$ und $\{\varphi' \neq \varphi''\}$ vom Maße Null, und wegen $\{\varphi \neq \varphi''\} \subseteq \{\varphi \neq \varphi'\} \cup \{\varphi' \neq \varphi''\}$ ist auch die Menge $\{\varphi \neq \varphi''\}$ vom Maße Null.

Auf Grund dieses Satzes können wir das System aller meßbaren Funktionen vermöge

$$[\varphi] := \{\varphi' : \varphi = \varphi' \text{ f. ü.}\}$$

in Klassen äquivalenter (d. h. fast überall gleicher) Funktionen zerlegen.

Satz 2: *Im Bereich der Klassen meßbarer Funktionen sind die Definitionen*

$\lambda[\varphi] := [\lambda\varphi] \quad (\lambda \in \boldsymbol{R})$,

$[\varphi] + [\psi] := [\varphi + \psi]$, *falls* $\varphi + \psi$ *definiert,*

$[\varphi] \leqq [\psi] :\Leftrightarrow \varphi \leqq \psi$ *f. ü.,*

$\int [\varphi(x)] \, dx := \int \varphi(x) \, dx$, *falls* $\int \varphi(x) \, dx$ *existiert,*

unabhängig vom Repräsentanten.

Beweis: Es sei $\varphi = \varphi'$ f. ü. und $\psi = \psi'$ f. ü. Die Mengen $A := \{\varphi \neq \varphi'\}$, $B := \{\psi \neq \psi'\}$ sind also vom Maße Null. Aus $\{\lambda\varphi \neq \lambda\varphi'\} \subseteq A$, $\{\varphi + \psi \neq \varphi' + \psi'\} \subseteq A \cup B$, falls $\varphi + \psi, \varphi' + \psi'$ definiert sind, folgen die ersten beiden

Behauptungen. Gilt zusätzlich $\varphi \leqq \psi$ f. ü., so ist $\{\varphi > \psi\}$ vom Maße Null, und wegen $\{\varphi' > \psi'\} \subseteq \{\varphi > \psi\} \cup A \cup B$ gilt $\varphi' \leqq \psi'$ f. ü.. Existiert das Integral von φ, so ist

$$\int \varphi(x)\,dx = \int_{X \setminus A} \varphi(x)\,dx = \int_{X \setminus A} \varphi'(x)\,dx = \int \varphi'(x)\,dx .$$

Ist das Produkt zweier meßbarer Funktionen stets meßbar, so ist auch die Definition $[\varphi] \cdot [\psi] := [\varphi\psi]$ unabhängig vom Repräsentanten.

Wir nennen eine Klasse *integrierbar*, wenn sie eine integrierbare Funktion enthält. In der Menge aller integrierbaren Klassen wird durch

$$|||[\varphi]||| := \int |\varphi(x)|\,dx$$

tatsächlich eine Norm definiert, denn die Eigenschaften (1), (2) übertragen sich auf die erzeugten Klassen und aus $|||[\varphi]||| = 0$ folgt $\int |\varphi(x)|\,dx = 0$, also $\varphi = 0$ f. ü. und damit $[\varphi] = [0]$.

Im Falle der auf einer offenen Menge $\Omega \subseteq \boldsymbol{R}^n$ definierten LEBESGUE-meßbaren Funktionen ist die Nullfunktion die einzige stetige Funktion, die in der Klasse $[0]$ enthalten ist. Ist nämlich $\varphi \in [0]$, so ist $A := \{\varphi \neq 0\}$ vom LEBESGUEschen Maße Null. Zu $x \in \Omega$ gibt es keine Umgebung U mit $U \subseteq A$, denn das Maß einer nichtleeren offenen Menge ist positiv. Daher gibt es eine Folge von Punkten $x_n \in \Omega \setminus A$ mit $x_n \to x$, und wenn φ stetig ist, gilt $\varphi(x_n) \to \varphi(x)$, wegen $\varphi(x_n) = 0$ also $\varphi(x) = 0$ für beliebige $x \in \Omega$. Es folgt sofort, daß jede Klasse $[\varphi]$ höchstens eine stetige Funktion enthält, doch gibt es auch Klassen meßbarer Funktionen, in denen keine stetige Funktion liegt.

Das Rechnen mit den Äquivalenzklassen hat den erheblichen Mangel, daß keine Funktionen mehr vorliegen. Man zieht es häufig vor, statt dessen mit den Repräsentanten der Klassen zu rechnen und jeweils den Zusatz „f. ü." hinzufügen. Oft spricht man auch davon, daß äquivalente Funktionen „identifiziert" werden, was natürlich auf die Klassenbildung hinausläuft.

4.2. Die Räume L^p und l^p

In diesem Abschnitt sei $(X, \mathscr{L}, J)$ ein Integrationsraum, in dem mit zwei Funktionen φ, ψ auch stets $|\varphi|^p$ $(p > 0)$ und $\varphi\psi$ meßbar sind. Dies ist z. B. für das n-dimensionale LEBESGUEsche Integral der auf einer meßbaren Menge $\Omega \subseteq \boldsymbol{R}^n$ definierten Funktionen oder auch für das diskrete Integral erfüllt. Für jede Funktion $\varphi \in \mathscr{L}$ konvergiert die Folge der Funktionen $\sqrt[n]{|\varphi|}$ gegen die charakteristische Funktion der Trägermenge von φ, und folglich sind alle Trägermengen integrierbarer (oder allgemeiner meßbarer) Funktionen meßbar.

Definition 1: Eine komplexwertige meßbare Funktion φ[1]) heißt *integrierbar zur p-ten Potenz* $(1 \leqq p < \infty)$, wenn die Funktion $|\varphi|^p$ integrierbar ist.

Mit $\mathscr{L}^p$ bezeichnen wir die Menge aller zur p-ten Potenz integrierbaren Funktionen. Insbesondere ist $\mathscr{L}^1 = \mathscr{L}$. Dagegen sei L^p die Menge aller Klassen äquivalenter Funktionen aus $\mathscr{L}^p$. Mit der gebotenen Vorsicht rechnen wir mit den Elementen aus L^p wie mit Funktionen, schreiben also z. B. auch $\varphi \in L^p$ statt $[\varphi] \in L^p$. Jede Funktion φ, die fast überall verschwindet, ist als Nullelement von L^p zu betrachten. Im Falle des n-dimensionalen LEBESGUEschen Integrals auf der LEBESGUE-meßbaren Grundmenge $\Omega \subseteq \boldsymbol{R}^n$ schreiben wir $L^p(\Omega)$ an Stelle von L^p. Ist J_d das diskrete Integral über $\boldsymbol{N}$, so setzen wir $l^p := \mathscr{L}^p$. Da hier aus $J_d(|\alpha|) = 0$ stets $\alpha = 0$ folgt, brauchen wir zwischen Funktionen und Funktionenklassen nicht zu unterscheiden. Für alle $\varphi \in L^p$ heißt die nichtnegative reelle Zahl

$$N_p(\varphi) = \|\varphi\|_p := \left[\int |\varphi(x)|^p \, \mathrm{d}x\right]^{\frac{1}{p}} \tag{1}$$

die *p-Norm* des Elementes $\varphi \in L^p$. Für $\alpha \in l^p$ gilt hiernach speziell

$$N_p(\alpha) = \|\alpha\|_p = \left[\sum_{k=0}^{\infty} |\alpha_k|^p\right]^{\frac{1}{p}}. \tag{2}$$

[1]) Siehe Anmerkung 2, S. 181.

Die rechte Seite von (1) kann für alle meßbaren Funktionen gebildet werden. Die Zugehörigkeit zu L^p drückt sich gerade in der Endlichkeit dieses Integrals aus. Es ist $\|\varphi\|_p = 0$ genau dann, wenn $\varphi = 0$ f. ü. ist (oder genauer, wenn die Äquivalenzklasse die Nullfunktion enthält). Stets gilt

$$\|\lambda\varphi\|_p = |\lambda| \cdot \|\varphi\|_p \qquad (\lambda \in \boldsymbol{C},\ \varphi \in L^p),$$

und speziell

$$\|\varphi\|_1 = \int |\varphi(x)|\, dx, \tag{3}$$

$$\|\varphi\|_p{}^p = \int |\varphi(x)|^p\, dx = \|\,|\varphi|^p\|_1. \tag{4}$$

Satz 1: *Ist der Raum X meßbar und ist sein Maß $\mu(X)$ endlich, so folgt aus $1 \leqq p \leqq q$ stets $L^p \supseteq L^q$.*

Beweis: Es sei $\varphi \in L^q$. Für vorgegebenes $\varepsilon > 0$ setzen wir $A := \{|\varphi| < \varepsilon\}$. Ist $x \notin A$, so haben wir

$$\varepsilon^{q-p} \leqq |\varphi(x)|^{q-p}, \quad \text{also} \quad |\varphi(x)|^p \leqq \varepsilon^{p-q}\, |\varphi(x)|^q,$$

und es folgt

$$\int |\varphi(x)|^p\, dx = \int_{\bar{A}} |\varphi(x)|^p\, dx + \int_A |\varphi(x)|^p\, dx$$
$$\leqq \varepsilon^{p-q} \int |\varphi(x)|^q\, dx + \varepsilon^p \int dx.$$

Somit ist

$$\|\varphi\|_p{}^p \leqq \varepsilon^{p-q}\, \|\varphi\|_q{}^q + \varepsilon^p \mu(X) < \infty, \tag{5}$$

d. h., es ist $\varphi \in L^p$.

Da der Raum $\boldsymbol{R}^n$ kein endliches Lebesguesches Maß besitzt, kann der Satz nicht auf die Räume $L^p(\boldsymbol{R}^n)$ angewendet werden. Die Funktion

$$\varphi(x) := \begin{cases} \dfrac{1}{x} \text{ für } |x| \geqq 1 \\ 0 \text{ für } |x| < 1 \end{cases}$$

liegt z. B. wegen

$$\int_{-\infty}^{\infty} |\varphi(x)|^2 \, dx = \lim_{n\to\infty} \; 2\int_1^n \frac{1}{x^2} \, dx = 2 \,, \quad \int_{-\infty}^{\infty} |\varphi(x)| \, dx = \infty$$

in $L^2(\boldsymbol{R})$, aber nicht in $L^1(\boldsymbol{R})$.

Genau der umgekehrte Sachverhalt liegt für die Räume l^p vor.

Satz 2: *Aus* $1 \leqq p \leqq q$ *folgt* $l^p \subseteq l^q$.

Beweis: Ist $\alpha \in l^p$, also

$$\sum_{k=0}^{\infty} |\alpha_k|^p < \infty,$$

so gilt $|\alpha_k| \to 0$, und es gibt ein n mit $|\alpha_k| < 1$ für $k \geqq n$. Dann ist aber $|\alpha_k|^q \leqq |\alpha_k|^p$ für $k \geqq n$, und auch die Reihe mit den Gliedern $|\alpha_k|^q$ ist konvergent, d. h., es ist $\alpha \in l^q$.

Satz 3: *Für* $1 \leqq p < \infty$ *ist* L^p *ein linearer Raum.*

Beweis: Mit φ ist offensichtlich $\lambda\varphi$ $(\lambda \in \boldsymbol{C})$ und $|\varphi|$ in L^p enthalten. Es sei $\varphi, \psi \in L^p$ und $A := \{|\varphi| > |\psi|\}$, also

$$\begin{aligned} \int |\varphi(x) + \psi(x)|^p \, dx &\leqq \int_A |2\varphi(x)|^p \, dx + \int_{\bar{A}} |2\psi(x)|^p \, dx \\ &\leqq 2^p(\|\varphi\|_p{}^p + \|\psi\|_p{}^p) < \infty, \end{aligned}$$

und damit $\varphi + \psi \in L^p$. Somit ist L^p ein linearer Raum.

Zwei Exponenten p, q heißen *konjugiert*, wenn

$$\frac{1}{p} + \frac{1}{q} = 1 \tag{6}$$

ist. Stets gilt $1 \leqq p \leqq 2 \leqq q$ oder $1 \leqq q \leqq 2 \leqq p$ sowie

$$pq = p + q.$$

Der Exponent 2 ist zu sich selbst konjugiert. Der Exponent 1 besitzt zunächst keinen konjugierten Exponenten.

Wir beweisen die Ungleichung

$$ab \leqq \frac{a^p}{p} + \frac{b^q}{q} \qquad (a, b \geqq 0) \tag{7}$$

für konjugierte Exponenten p, q. Hierzu betrachten wir die Funktion

$$f(x) := \frac{a^p}{p} + \frac{x^q}{q} - ax \qquad (x \geqq 0).$$

Die Ableitung $f'(x) = x^{q-1} - a$ verschwindet nur für $x = a^{\frac{1}{q-1}} = a^{p-1}$. Aus $q(p-1) = p$ folgt

$$f(a^{p-1}) = \frac{a^p}{p} + \frac{a^{q(p-1)}}{q} - a^p = 0.$$

Wegen $f(0) \geqq 0$ und $f(x) \to \infty$ für $x \to \infty$ ist f für alle x mit $x \geqq 0$ nichtnegativ, und dies ist mit (7) äquivalent.

Satz 4: *Sind p, q konjugierte Exponenten, so folgt aus $\varphi \in L^p, \psi \in L^q$ stets*

$$\|\varphi\psi\|_1 \leqq \|\varphi\|_p \, \|\psi\|_q \tag{8}$$

(Höldersche Ungleichung).

Beweis: Da aus $\|\varphi\|_p = 0$ oder $\|\psi\|_q = 0$ stets $\|\varphi\psi\|_1 = 0$ folgt, können wir $\|\varphi\|_p, \|\psi\|_q > 0$ voraussetzen. Mit

$$f := \frac{|\varphi|}{\|\varphi\|_p}, \qquad g := \frac{|\psi|}{\|\psi\|_q}$$

gilt $\|f\|_p = \|g\|_q = 1$, und aus

$$fg \leqq \frac{f^p}{p} + \frac{g^q}{q}$$

folgt durch Integration

$$\int f(x)\, g(x)\, \mathrm{d}x \leqq \int \frac{f(x)^p}{p}\, \mathrm{d}x + \int \frac{g(x)^q}{q}\, \mathrm{d}x$$

$$= \frac{\|f\|_p{}^p}{p} + \frac{\|g\|_q{}^q}{q} = \frac{1}{p} + \frac{1}{q}$$

also $\|fg\|_1 \leqq 1$. Multiplizieren wir beide Seiten mit $\|\varphi\|_p\, \|\psi\|_q$, so erhalten wir die Behauptung.

Die HÖLDERsche Ungleichung lautet ausführlicher geschrieben

$$\int |\varphi(x)\, \psi(x)|\, \mathrm{d}x \leqq \left[\int |\varphi(x)|^p\, \mathrm{d}x\right]^{\frac{1}{p}} \cdot \left[\int |\psi(x)|^q\, \mathrm{d}x\right]^{\frac{1}{q}}, \tag{9}$$

und geht für $p = q = 2$ in die SCHWARZ*sche Ungleichung*

$$\int |\varphi(x)\, \psi(x)|\, \mathrm{d}x \leqq \sqrt{\int |\varphi(x)|^2\, \mathrm{d}x \int |\psi(x)|^2\, \mathrm{d}x} \tag{10}$$

über.

Für das diskrete Integral über $\boldsymbol{N}$ lautet die HÖLDERsche Ungleichung

$$\sum_{n=0}^{\infty} |\alpha_n \beta_n| \leqq \left(\sum_{n=0}^{\infty} |\alpha_n|^p\right)^{\frac{1}{p}} \left(\sum_{n=0}^{\infty} |\beta_n|^q\right)^{\frac{1}{q}}, \tag{11}$$

und die SCHWARZsche Ungleichung nimmt die Form

$$\sum_{n=0}^{\infty} |\alpha_n \beta_n| \leqq \sqrt{\left(\sum_{n=0}^{\infty} |\alpha_n|^2\right) \left(\sum_{n=0}^{\infty} |\beta_n|^2\right)} \tag{12}$$

an.

Für festes $\psi \in L^q$ wird auf Grund der HÖLDERschen Ungleichung durch

$$J_\psi(\varphi) := \int \varphi(x)\, \psi(x)\, \mathrm{d}x \qquad (\varphi \in L^p, \psi \in L^q) \tag{13}$$

ein lineares Funktional J_ψ auf L^p definiert.

Satz 5: *Für $\varphi, \psi \in L^p$ gilt*

$$\|\varphi + \psi\|_p \leqq \|\varphi\|_p + \|\psi\|_p \tag{14}$$

(Dreiecksungleichung oder MINKOWSKIsche Ungleichung).

Beweis: Für $\|\varphi + \psi\|_p = 0$ ist die Behauptung trivial. Es sei $\|\varphi + \psi\|_p > 0$. Für $p = 1$ folgt die Behauptung aus $|\varphi + \psi| \leqq |\varphi| + |\psi|$. Es sei $p > 1$ und q zu p konjugiert. Die Funktion $f := |\varphi + \psi|^{p-1}$ ist wegen $f^q = |\varphi + \psi|^p$ in L^q enthalten, und es ist

$$\begin{aligned}\|f\|_q &= \left[\int f(x)^q \, \mathrm{d}x\right]^{\frac{1}{q}} = \left[\int |\varphi(x) + \psi(x)|^p \, \mathrm{d}x\right]^{\frac{p-1}{p}} \\ &= \|\varphi + \psi\|_p^{p-1} > 0.\end{aligned}$$

Mit der HÖLDERschen Ungleichung erhalten wir

$$\begin{aligned}&(\|\varphi\|_p + \|\psi\|_p) \|\varphi + \psi\|_p^{p-1} = \|\varphi\|_p \, \|f\|_q + \|\psi_p\| \, \|f\|_q \\ &\geqq \|\varphi f\|_1 + \|\psi f\|_1 = \int |\varphi(x)| + |\psi(x)|) \, f(x) \, \mathrm{d}x \\ &\geqq \int |\varphi(x) + \psi(x)|^p \, \mathrm{d}x = \|\varphi + \psi\|_p^p,\end{aligned}$$

und dies ist mit (14) äquivalent.

Ausführlich geschrieben lautet die MINKOWSKIsche Ungleichung

$$\left[\int |\varphi(x) + \psi(x)|^p \, \mathrm{d}x\right]^{\frac{1}{p}} \leqq \left[\int |\varphi(x)|^p \, \mathrm{d}x\right]^{\frac{1}{p}} + \left[\int |\psi(x)|^p \, \mathrm{d}x\right]^{\frac{1}{p}} \tag{15}$$

bzw.

$$\left[\sum_{n=0}^{\infty} |\alpha_n + \beta_n|^p\right]^{\frac{1}{p}} \leqq \left[\sum_{n=0}^{\infty} |\alpha_n|^p\right]^{\frac{1}{p}} + \left[\sum_{n=0}^{\infty} |\beta_n|^p\right]^{\frac{1}{p}}. \tag{16}$$

Es ist zweckmäßig, neben den Räumen L^p mit $1 \leqq p < \infty$ den Raum L^∞ einzuführen. Hierunter versteht man die Menge aller meßbaren Funktionen φ, zu denen eine endliche Konstante K existiert derart, daß — von einer

Menge vom Maße 0 abgesehen — stets $|\varphi(x)| \leqq K$ ist. Wiederum sind alle äquivalenten Funktionen zu identifizieren. Die kleinste Zahl K mit $|\varphi(x)| \leqq K$ f. ü. heißt die L-Norm von φ, in Zeichen $N_\infty(\varphi) = \|\varphi\|_\infty$. Sie wird auch mit *vrai max* φ oder *ess sup* φ (wahres Maximum bzw. wesentliches Supremum von φ) bezeichnet. Eine Rechtfertigung für die Einführung der Bezeichnung L^∞ besteht darin, daß zwischen den Räumen L^1 und L^∞ mit Einschränkungen ähnliche Beziehungen bestehen wie zwischen den Räumen L^p, L^q mit konjugierten p, q. In der Tat gilt ja (6) auch im Falle $p = 1$, $q = \infty$, und für $\varphi \in L^\infty$, $\psi \in L^1$ haben wir, wenn wir $K := \|\varphi\|_\infty$ setzen,

$$\left|\int \varphi(x)\,\psi(x)\,dx\right| \leqq \int |\varphi(x)| \cdot |\psi(x)|\,dx \leqq K \int |\psi(x)|\,dx,$$

$$\|\varphi\psi\|_1 \leqq \|\varphi\|_\infty \cdot \|\psi\|_1, \tag{17}$$

womit Satz 4 verallgemeinert ist. Die Definition (13) ist auch für $p = 1$, $q = \infty$ sinnvoll. Auch Satz 5 ist offensichtlich für $p = \infty$ erfüllt.

4.3. Konvergenz in Funktionenräumen

In den von uns betrachteten Funktionenräumen gibt es mehrere Möglichkeiten, einen Konvergenzbegriff zu definieren. In Abschnitt 1.2. hatten wir bereits den Begriff der *punktweisen Konvergenz*, in Zeichen $\varphi_n \to \varphi$, eingeführt. In Integrationsräumen hatten wir auch die *Konvergenz fast überall* im Bereich der $\mathcal{L}$-meßbaren Funktionen eingeführt. Es galt $\varphi_n \to \varphi$ f. ü. genau dann, wenn die Menge der Punkte $x \in X$, für die $\varphi_n(x)$ nicht gegen $\varphi(x)$ strebt, vom Maße Null ist. Dieser Konvergenzbegriff erzeugt auch im Bereich der Klassen äquivalenter Funktionen einen Konvergenzbegriff, und zwar gelte $[\varphi_n] \to [\varphi]$ genau dann, wenn $\varphi_n \to \varphi$ f. ü. erfüllt ist. Wir zeigen, daß diese Definition unabhängig von der Wahl der Repräsentanten ist. Es gelte $\varphi_n \to \varphi$ f. ü., $\psi_n \to \psi$ f. ü. und $\varphi_n = \psi_n$ f. ü. Dann sind die Mengen $A_n := \{\varphi_n \neq \psi_n\}$

und die Menge A der Punkte x, für die $\varphi_n(x)$ nicht gegen $\varphi(x)$ oder $\psi_n(x)$ nicht gegen $\psi(x)$ konvergiert, vom Maße Null. Desgleichen ist die Vereinigungsmenge B dieser Mengen vom Maße Null. Für $x \notin B$ gilt $\varphi_n(x) = \psi_n(x)$ und $\varphi_n(x) \to \varphi(x) = \psi(x)$, und wegen $\{\varphi \neq \psi\} \subseteq B$ ist $[\varphi] = [\psi]$. Damit ist die behauptete Unabhängigkeit bewiesen.

In normierten Räumen, speziell also in den Räumen L^p, gibt es weiterhin den überaus wichtigen Begriff der *Normkonvergenz*. Wir sagen, es gelte $\varphi_n \to \varphi$ bezüglich der Norm, wenn $\|\varphi_n - \varphi\|$ gegen Null strebt. Um diesen Konvergenzbegriff von dem oben genannten zu unterscheiden, schreiben wir im Falle der L^p-Norm $\varphi_n \underset{p}{\to} \varphi$ oder $\varphi = p\text{—}\lim \varphi_n$, und sagen, die Folge (φ_n) *konvergiere im p-ten Mittel* gegen φ, wenn $\|\varphi_n - \varphi\|_p \to 0$ gilt. Es sei $p < q$ und der Raum X besitze ein endliches Maß. Für alle $\varepsilon > 0$ gilt

$$\|\varphi_n - \varphi\|_p{}^p = \varepsilon^{p-q}\, \|\varphi_n - \varphi\|_q{}^q + \varepsilon^p \mu(X)$$

nach 4.2. (5). Hieraus schließen wir, daß jede im q-ten Mittel konvergierende Folge im Falle $\mu(X) < \infty$ auch im p-ten Mittel konvergiert, wenn $p < q$ ist.

Eine Folge (φ_n) heißt eine *Fundamentalfolge* bezüglich der p-Norm, wenn es zu jedem $\varepsilon > 0$ ein N mit $\|\varphi_m - \varphi_n\|_p < \varepsilon$ für $m, n \geqq N$ gibt.

Satz 1: *Die Räume L^p $(1 \leqq p \leqq \infty)$ sind vollständig, d. h., jede Fundamentalfolge (φ_n) bezüglich der p-Norm konvergiert im p-ten Mittel gegen ein Element aus L^p.*

Beweis: Wir konstruieren induktiv eine Teilfolge (φ_{n_k}) mit $\|\varphi_{n_{k+1}} - \varphi_{n_k}\|_p < \frac{1}{2^{k+1}}$, was auf Grund der Definition der Fundamentalfolge möglich ist, und setzen

$$\psi_m := |\varphi_{n_0}| + \sum_{k=0}^{m} |\varphi_{n_{k+1}} - \varphi_{n_k}|. \tag{1}$$

Es sei zuerst $p < \infty$. Nach dem Lemma von FATOU und der MINKOWSKIschen Ungleichung ist

$$\begin{aligned}\int \lim_{m\to\infty} [\psi_m(x)]^p \,\mathrm{d}x &\leqq \lim_{m\to\infty} \|\psi_m\|_p{}^p \\ &\leqq \lim_{m\to\infty} \left(\|\varphi_{n_0}\|_p + \sum_{k=0}^{m} \|\varphi_{n_{k+1}} - \varphi_{n_k}\|_p\right)^p \\ &\leqq \lim_{m\to\infty} \left(\|\varphi_{n_0}\|_p + \sum_{k=0}^{m} \frac{1}{2^k}\right)^p .\end{aligned}$$

Da das Integral des Grenzwertes der Folge $\big(\psi_m(x)\big)^p$ endlich ist, liegt eine LEVI-Folge vor. Es gibt somit eine endliche meßbare Funktion $\psi \geqq 0$ mit

$$\psi(x) = \lim_{n\to\infty} \psi_n(x) \quad \text{f. ü.},$$

die zur p-ten Potenz intègrierbar ist. Wegen

$$|\varphi_{n_{k+r}}(x) - \varphi_{n_k}(x)| \leqq \psi_{k+r}(x) - \psi_k(x)$$

ist die Folge $\big(\varphi_{n_k}(x)\big)$ in allen Konvergenzpunkten x von (ψ_m) eine Fundamentalfolge, und es gibt eine endliche meßbare Funktion φ mit

$$\varphi(x) = \lim_{k\to\infty} \varphi_{n_k}(x) \quad \text{f. ü.}. \tag{2}$$

Es ist $|\varphi_{n_k}|^p \leqq \psi_k{}^p \leqq \psi^p$ f. ü., und $|\varphi|^p$ ist nach dem Satz von der majorisierten Konvergenz integrierbar, d. h., es ist $\varphi \in L^p$. Wir haben, wieder auf Grund des Lemmas von FATOU,

$$\begin{aligned}\|\varphi - \varphi_{n_k}\|_p{}^p &= \int \lim_{r\to\infty} |\varphi_{n_{k+r}}(x) - \varphi_{n_k}(x)|^p \,\mathrm{d}x \\ &\leqq \varliminf_{r\to\infty} \int |\varphi_{n_{k+r}}(x) - \varphi_{n_k}(x)|^p \,\mathrm{d}x \\ &= \varliminf_{r\to\infty} \|\varphi_{n_{k+r}} - \varphi_{n_k}\|_p{}^p\end{aligned}$$

$$\leqq \varliminf_{r\to\infty} \left(\sum_{m=0}^{r-1} \|\varphi_{n_{k+m+1}} - \varphi_{n_{k+m}}\|_p{}^p\right)^p$$

$$\leqq \lim_{r\to\infty} \left(\sum_{m=0}^{r-1} \frac{1}{2^{k+m+1}}\right)^p = \frac{1}{2^{kp}}.$$

Schließlich ist

$$\|\varphi - \varphi_n\|_p \leqq \|\varphi - \varphi_{n_k}\|_p + \|\varphi_{n_k} - \varphi_n\|_p$$
$$\leqq \frac{1}{2^{kp}} + \|\varphi_{n_k} - \varphi_n\|_p.$$

Wegen der Fundamentalfolgeneigenschaft kann die rechte Seite für hinreichend große n kleiner als jede positive reelle Zahl gemacht werden. Somit haben wir $\varphi = p\text{-}\lim \varphi_n$.

Im Fall $p = \infty$ vereinfacht sich der Beweis ganz wesentlich. Es sei A_n die Menge aller Punkte x mit $|\varphi_n(x)| \leqq \|\varphi_n\|_\infty$. Ihre Vereinigungsmenge A ist eine Menge vom Maße Null. Für $x \notin A$ ist $|\varphi_m(x) - \varphi_n(x)| \leqq \|\varphi_m - \varphi_n\|_\infty$, und folglich ist $(\varphi_m(x))$ eine Fundamentalfolge. Daher gibt es eine endliche meßbare Funktion φ mit $\varphi_n \to \varphi$ f. ü.. Zu $\varepsilon > 0$ gibt es ein m mit $\|\varphi_{m+k} - \varphi_m\|_\infty < \varepsilon$ für alle k. Für $x \notin A$ ist

$$|\varphi(x) - \varphi_m(x)| = \lim_{k\to\infty} |\varphi_{m+k}(x) - \varphi_m(x)| \leqq \varepsilon,$$

und folglich liegt $\varphi - \varphi_m$, also auch $\varphi = (\varphi - \varphi_m) + \varphi_m$ in L^∞, und es ist $\|\varphi - \varphi_n\|_\infty \leqq \varepsilon$ für $n \geqq m$. Damit ist Satz 1 bewiesen.

Aus dem Beweisgang entnehmen wir noch

Satz 3: *Jede im p-ten Mittel gegen die Funktion φ konvergierende Folge (φ_n) besitzt eine Teilfolge, die fast überall gegen die Funktion φ konvergiert.*

Genauer hätte man diesen Satz natürlich für Klassen aussprechen müssen: Aus $[\varphi] = p\text{-}\lim [\varphi_n]$ folgt die Existenz einer Teilfolge mit $[\varphi_{n_k}] \to [\varphi]$, d. h., mit $\varphi_{n_k} \to \varphi$ f. ü..

Ein weiterer besonders für die Wahrscheinlichkeitsrechnung wichtiger Konvergenzbegriff ist der Begriff der *stochastischen Konvergenz* oder *Maßkonvergenz*. Es sei wieder $(X, \mathscr{L}, J)$ ein Integrationsraum und μ das gemäß 3.2., Satz 11, auf dem σ-Ring $\mathfrak{R} = \mathfrak{R}(\mathscr{L})$ definierte Maß. Man nennt eine Folge meßbarer Funktionen φ_n *stochastisch konvergent* oder *maßkonvergent* gegen die Funktion φ, wenn für jede positive reelle Zahl ε

$$\lim_{n\to\infty} \mu(\{|\varphi_n - \varphi| \geqq \varepsilon\}) = 0$$

gilt. Nach der TSCHEBYSCHEWschen Ungleichung 3.2. (13) gilt

$$(\mu\{|\varphi_n - \varphi| \geqq \varepsilon\}) \leqq \frac{1}{\varepsilon}\int |\varphi_n(x) - \varphi(x)|\, dx,$$

und wir sehen sofort, daß die Konvergenz in der L^1-Norm die Maßkonvergenz nach sich zieht.

Zum Abschluß dieses Abschnitts soll noch der Satz von EGOROW bewiesen werden. Er besagt, daß aus der Konvergenz fast überall die sogenannte *fast gleichmäßige Konvergenz* folgt.

Satz 2: *Es sei $(X, \mathscr{L}, J)$ ein Integrationsraum mit $\mu(X) < \infty$. Zu jeder Folge meßbarer fast überall endlicher Funktionen φ_n, die fast überall gegen eine meßbare fast überall endliche Funktion φ konvergiert, und zu vorgegebenem $\varepsilon > 0$ gibt es eine meßbare Menge C mit $\mu(C) < \varepsilon$ derart, daß φ_n auf der Menge $\overline{C} = X \setminus C$ gleichmäßig gegen φ konvergiert.*

Beweis: Es sei A die Vereinigung der abzählbar vielen Mengen vom Maße Null, in denen die Funktionen φ, φ_n nicht endlich sind bzw. (φ_n) nicht konvergiert. Ferner sei

$$A_{kn} := \bigcup_{p=n}^{\infty} \left\{x \in \overline{A} : |\varphi_p(x) - \varphi(x)| \geqq \frac{1}{k}\right\}.$$

Da zu $k \geqq 1$ und $x \notin A$ stets ein n mit $|\varphi_p(x) - \varphi(x)| < \frac{1}{k}$ für alle $p \geqq n$ existiert, ist

$$\bigcap_{n=0}^{\infty} A_{kn} = \emptyset \qquad (k \geqq 1).$$

Ferner gilt $A_{k,n+1} \subseteq A_{kn}$, also $A_{kn} \downarrow \emptyset$ für $n \to \infty$. Wegen $\mu(A_{kn}) \leqq \mu(X) < \infty$ folgt

$$\lim_{n\to\infty} \mu(A_{kn}) = \lim_{n\to\infty} \int \chi_{A_{kn}}(x)\, dx = 0.$$

Zu jedem $k \geqq 1$ können wir also ein n_k mit $\mu(A_{kn_k}) \leqq \frac{\varepsilon}{2^k}$ finden. Es sei

$$C := A \cup \bigcup_{k=1}^{\infty} A_{kn_k}.$$

Wegen $\mu(A) = 0$ ist

$$\mu(C) = \int \chi_C(x)\, dx \leqq \sum_{k=1}^{\infty} \int \chi_{A_{kn_k}}(x)\, dx \leqq \sum_{k=1}^{\infty} \frac{\varepsilon}{2^k} = \varepsilon.$$

Es sei nun $\delta > 0$ vorgegeben und $k \geqq \delta^{-1}$. Aus $x \notin C$ folgt $x \notin A$, $x \notin A_{kn_k}$, also

$$|\varphi_p(x) - \varphi(x)| < \frac{1}{k} \leqq \delta \qquad (p \geqq n_k),$$

und dies besagt, daß (φ_p) auf $\overline{C}$ gleichmäßig gegen φ konvergiert.

Mit diesem kleinen Überblick sollen die Betrachtungen über den Konvergenzbegriff abgeschlossen werden.

5. Mengen- und Funktionensysteme

5.1. Ringe und Algebren

In den bisherigen Abschnitten traten verschiedenartige Mengen- und Funktionensysteme auf, die gegenüber gewissen Operationen abgeschlossen waren. Das Ziel des

Abschnitts 5 besteht darin, diese Strukturen zu systematisieren und verschiedene Wege zu ihrer Erzeugung aufzuzeigen. Im Abschnitt 5.1. behandeln wir Mengenstrukturen, die gegenüber endlichen Operationen abgeschlossen sind.

Definition 1: Ein Mengensystem $\mathfrak{A}$ von Teilmengen einer Menge X heißt eine (Mengen-) *Algebra* oder ein (Mengen-) *Körper* in X, wenn es folgende Eigenschaften besitzt:

(a) $\emptyset \in \mathfrak{A}$.

(b) Aus $A \in \mathfrak{A}$ folgt $\bar{A} \in \mathfrak{A}$.

(c) Aus $A, B \in \mathfrak{A}$ folgt $A \cup B \in \mathfrak{A}$.

Neben der Bedingung (a), die sichert, daß eine Algebra nicht leer ist, wird eine Algebra dadurch charakterisiert, daß sie abgeschlossen gegenüber der Komplement- und Vereinigungsbildung (von zwei und damit von endlich vielen Mengen) ist. Wegen $A \setminus B = A \cap \bar{B} = \overline{\bar{A} \cup B}$ ist eine Algebra auch gegenüber der Differenzbildung abgeschlossen. Wir schwächen die Voraussetzungen ein wenig ab.

Definition 2: Ein Mengensystem $\mathfrak{R}$ von Teilmengen einer Menge X heißt ein (Mengen-) *Ring* in X, wenn es folgende Eigenschaften besitzt:

(a) $\emptyset \in \mathfrak{R}$.

(b) Aus $A, B \in \mathfrak{R}$ folgt $A \setminus B \in \mathfrak{R}$.

(c) Aus $A, B \in \mathfrak{R}$ folgt $A \cup B \in \mathfrak{R}$.

Ein Ring ist also gegenüber Differenz- und Vereinigungsbildung zweier Mengen abgeschlossen. Jede Algebra ist erst recht ein Ring, und ein Ring ist genau dann eine Algebra, wenn $X \in \mathfrak{R}$ ist. Wegen $A \cap B = A \setminus (A \setminus B)$ ist ein Ring bzw. eine Algebra auch gegenüber der Durchschnittsbildung abgeschlossen.

Wir wollen gegebene Mengensysteme $\mathfrak{S}$ zu Ringen bzw. Algebren erweitern. Hierzu benötigen wir

Satz 1: *Der Durchschnitt von beliebig vielen Ringen bzw. Algebren in X ist wieder ein Ring bzw. eine Algebra.*

Beweis: Für alle $\alpha \in I$ sei $\mathfrak{R}_\alpha$ ein Ring in X und $\mathfrak{R}$ sei der Durchschnitt aller $\mathfrak{R}_\alpha$. Wegen $\emptyset \in \mathfrak{R}_\alpha$ ist $\emptyset \in \mathfrak{R}$. Aus $A, B \in \mathfrak{R}$ folgt $A, B \in \mathfrak{R}_\alpha$ für alle $\alpha \in I$ und damit $A \setminus B$, $A \cup B \in \mathfrak{R}_\alpha$, also $A \setminus B$, $A \cup B \in \mathfrak{R}$, und $\mathfrak{R}$ ist ein Ring. Im Falle $X \in \mathfrak{R}_\alpha$ für alle α ist auch $X \in \mathfrak{R}$, und $\mathfrak{R}$ ist eine Algebra.

Da $\mathfrak{P}(X)$ eine Algebra ist, liegt jedes Mengensystem $\mathfrak{S} \neq \emptyset$ in mindestens einer Algebra, und es gibt einen kleinsten Ring bzw. eine kleinste Algebra, die $\mathfrak{S}$ umfaßt.

Definition 3: Es sei $\emptyset \neq \mathfrak{S} \subseteq \mathfrak{P}(X)$. Dann heißt der Durchschnitt aller Ringe bzw. Algebren, die $\mathfrak{S}$ enthalten, der von $\mathfrak{S}$ *erzeugte Ring* $r(\mathfrak{S})$ bzw. die von $\mathfrak{S}$ *erzeugte Algebra* $a(\mathfrak{S})$.

Ist $\mathfrak{S}$ bereits ein Ring bzw. eine Algebra, so ist natürlich $r(\mathfrak{S}) = \mathfrak{S}$ bzw. $a(\mathfrak{S}) = \mathfrak{S}$, und für alle Ringe bzw. Algebren $\mathfrak{R}$, die $\mathfrak{S}$ enthalten, gilt $r(\mathfrak{S}) \subseteq \mathfrak{R}$ bzw. $a(\mathfrak{S}) \subseteq \mathfrak{R}$. Die Konstruktion des von einem Mengensystem $\mathfrak{S}$ erzeugten Ringes bzw. der erzeugten Algebra ist im allgemeinen keineswegs einfach. In einigen Fällen ist eine direkte Charakterisierung möglich.

Ist $\mathfrak{S}$ ein Mengensystem, dessen Elemente paarweise disjunkt sind, so besteht der erzeugte Ring genau aus der leeren Menge und allen endlichen Vereinigungen von Mengen dieses Systems. In der Tat führt weder die Vereinigungs- noch die Differenzbildung aus diesem System heraus.

Die Konstruktion des von einem endlichen Mengensystem erzeugten Ringes stützen wir auf die

Definition 4: Es sei $\mathfrak{S} = \{A_0, A_1, \ldots, A_m\}$ ein endliches Mengensystem mit der Vereinigungsmenge A und

$$A_i^k := \begin{cases} A_i & \text{für } k = 1 \\ A \setminus A_i & \text{für } k = 0 \end{cases} \quad (i = 0, 1, \ldots, m). \tag{1}$$

Dann heißen die Mengen

$$B_{k_0 \cdots k_m} := A_0^{k_0} \cap \cdots \cap A_m^{k_m} \,(k_i = 0{,}1\,;\, i = 0{,}1, \ldots, m) \quad (2)$$

die *Minterme* des Systems $\{A_0, A_1, \ldots, A_m\}$ (Abb. 13).

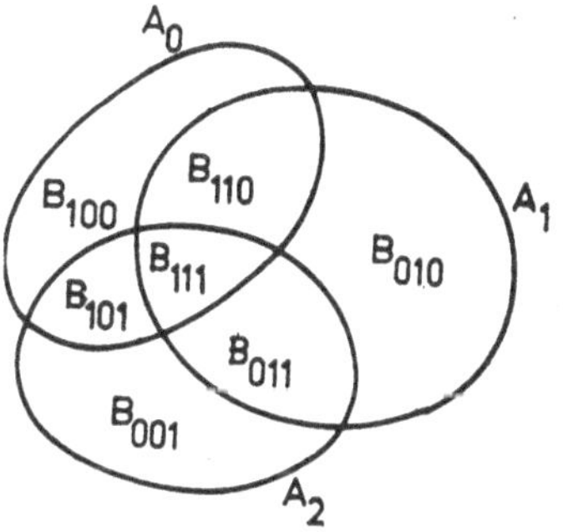

Abb. 13

Die Minterme entstehen aus den Mengen des gegebenen Systems mit Hilfe endlich vieler Operationen, die in Ringen zulässig sind, liegen also in dem von $\mathfrak{S}$ erzeugten Ring. Sie sind auch paarweise disjunkt. Ist nämlich $j_0 \cdots j_m \neq k_0 \cdots k_m$ $(j_p, k_q = 0{,}1)$, so gibt es ein p mit $j_p \neq k_p$. Es sei etwa $j_0 = 1$, $k_0 = 0$. Dann liegt $B_{j_0 \cdots j_m}$ in der Menge A_0, während $B_{k_0 \cdots k_m}$ in der Menge $A \setminus A_0$ liegt, d. h., es ist $B_{j_0 \cdots j_m} \cap B_{k_0 \cdots k_m} = \emptyset$. Ferner ist $B_{0 \cdots 0} = \emptyset$, und der von den Mintermen erzeugte Ring $\mathfrak{R}$ besteht aus allen endlichen Vereinigungen von Mintermen. Daher ist $\mathfrak{R} \subseteq r(\mathfrak{S})$. Wenn wir noch zeigen, daß alle Mengen aus dem System $\mathfrak{S}$ in $\mathfrak{R}$ liegen, so bedeutet dies nach Definition 3, daß auch $r(\mathfrak{S}) \subseteq \mathfrak{R}$ und damit $r(\mathfrak{S}) = \mathfrak{R}$ ist. Dies ist tatsächlich der Fall. Im Fall $m = 2$ ist z. B. $A_0 = B_{100} \cup B_{110} \cup B_{101} \cup B_{111}$ (Abb. 13), und allgemeiner gilt

$$A_0 = \bigcup_{k_1=0}^{1} \cdots \bigcup_{k_m=0}^{1} B_{1k_1 \cdots k_m}.$$

Analog lassen sich die anderen Mengen darstellen.

Der kleinste Ring, der ein endliches Mengensystem $\mathfrak{S}$ umfaßt, besteht also aus allen endlichen Vereinigungen der (stets paarweise disjunkten) Minterme des Systems. Gibt es $n + 1$ verschiedene Minterme, so besteht $r(\mathfrak{S})$ aus 2^n Elementen, denn es gibt genau 2^n verschiedene Möglichkeiten, Minterme zu einer Menge zusammenzufassen. Die Anzahl der Elemente eines von einem endlichen System erzeugten Ringes ist also stets eine Zweierpotenz. Ein drittes Beispiel für Mengensysteme, die eine einfache Beschreibung des erzeugten Ringes gestatten, liefert

Definition 5: Ein Mengensystem $\mathfrak{S}$ von Teilmengen einer Menge X heißt ein *Semiring* in X, wenn es folgende Eigenschaften besitzt:

(a) $\emptyset \in \mathfrak{S}$.

(b) Aus $A, B \in \mathfrak{S}$ folgt $A \cap B \in \mathfrak{S}$.

(c) Zu $A, B \in \mathfrak{S}$ gibt es paarweise disjunkte Mengen

$$A_0, A_1, \ldots, A_m \in \mathfrak{S} \text{ mit } A \setminus B = \bigcup_{k=0}^{m} A_k.$$

Jeder Ring ist natürlich erst recht ein Semiring.

Satz 2: *Der von einem Semiring $\mathfrak{S}$ erzeugte Ring besteht aus allen endlichen Vereinigungen paarweise disjunkter Mengen aus $\mathfrak{S}$.*

Beweis: Es genügt zu zeigen, daß das System $\mathfrak{V}$ aller Vereinigungen paarweise disjunkter Mengen aus $\mathfrak{S}$ einen Ring bildet. Dies beweisen wir durch vollständige Induktion. Es sei $A, B \in \mathfrak{V}$, d. h., es gebe paarweise disjunkte Mengen $A_0, \ldots, A_m$ bzw. $B_0, \ldots, B_n$ aus $\mathfrak{S}$ mit

$$A = \bigcup_{i=0}^{m} A_i, \quad B = \bigcup_{k=0}^{n} B_k.$$

Es ist

$$A \cap B = \left(\bigcup_{i=0}^{m} A_i\right) \cap \left(\bigcup_{k=0}^{n} B_k\right) = \bigcup_{i=0}^{m} \bigcup_{k=0}^{n} A_i \cap B_k,$$

und da die Mengen $A_i \cap B_k$ paarweise disjunkt sind, gilt $A \cap B \in \mathfrak{B}$. Als nächstes beweisen wir $A \setminus B \in \mathfrak{B}$. Im Falle $n = 0$ gehört

$$A \setminus B = \left(\bigcup_{i=0}^{m} A_i\right) \setminus B = \bigcup_{i=0}^{m} (A_i \setminus B)$$

zu $\mathfrak{B}$, denn die Mengen $A_i \setminus B$ sind paarweise disjunkt und liegen nach Definition des Semirings selbst in $\mathfrak{B}$. Es sei stets $A \setminus B \in \mathfrak{B}$, falls B Vereinigung von höchstens n paarweise disjunkten Mengen $B_k \in \mathfrak{S}$ ist. Ist dann B Vereinigung von $n+1$ paarweise disjunkten Mengen aus $\mathfrak{S}$, so gilt

$$A \setminus B = A \setminus \bigcup_{k=0}^{n+1} B_k = \left(A \setminus \bigcup_{k=0}^{n} B_k\right) \setminus B_{n+1},$$

und zweimalige Anwendung der Induktionsvoraussetzung ergibt $A \setminus B \in \mathfrak{B}$. Damit ist gezeigt, daß $A \setminus B \in \mathfrak{B}$ für alle $A, B \in \mathfrak{B}$ ist. Die Zerlegung von $A \cup B$ in die paarweise disjunkten Mengen $A \setminus B$, $A \cap B$ und $B \setminus A$ zeigt, daß auch $A \cup B$ in $\mathfrak{B}$ liegt. Somit bildet $\mathfrak{B}$ einen Ring, und Satz 2 ist bewiesen.

Satz 3: *Jedes endliche Teilsystem* $\{A_0, A_1, \ldots, A_m\}$ *eines Semirings* $\mathfrak{S}$ *besitzt ein endliches disjunktes Erzeugendensystem* $\mathfrak{S}_t' = \{S_0, S_1, \ldots, S_n\}$ *in* $\mathfrak{S}$, *d. h., jede Menge* A_i *kann als Vereinigung von paarweise disjunkten Mengen* $S_n \in \mathfrak{S}'$ *dargestellt werden.*

Beweis: Jeder Minterm von $\{A_0, \ldots, A_m\}$ liegt in dem von $\mathfrak{S}$ erzeugten Ring, kann also als Vereinigung von paarweise disjunkten Mengen aus $\mathfrak{S}$ dargestellt werden. Die Minterme sind paarweise disjunkt, und jede Menge A_i ist Vereinigung von Mintermen. Hieraus folgt die Behauptung.

Wichtige Beispiele für Semiringe sind gewisse Systeme von n-dimensionalen Intervallen. Es sei $\mathfrak{J}$ das System aller Intervalle reeller Zahlen. Versehen wir $\mathfrak{J}$ mit dem

Index o, a, ro, lo bzw. b, so soll dies besagen, daß nur offene, abgeschlossene, rechts offene (und links abgeschlossene), links offene (und rechts abgeschlossene) bzw. beschränkte Intervalle betrachtet werden. Die Systeme $\mathfrak{J}$, $\mathfrak{J}_{ro}$, $\mathfrak{J}_{lo}$, $\mathfrak{J}_b$, $\mathfrak{J}_{ro,b}$, $\mathfrak{J}_{lo,b}$ bilden Semiringe, die Systeme $\mathfrak{J}_o$ und $\mathfrak{J}_a$ dagegen nicht. Mit $\mathfrak{J}^n$ bezeichnen wir das System aller n-dimensionalen Intervalle $I_1 \times \cdots \times I_n$ mit $I_1, \ldots, I_n \in \mathfrak{J}$, wobei Indizes die analoge Bedeutung haben sollen.

Für ein beliebiges Mengensystem $\mathfrak{S}$ verstehen wir unter $\mathscr{E}(\mathfrak{S})$ das System aller *Treppenfunktionen*

$$s = \sum_{i=0}^{m} c_i \chi_{A_i} \qquad (c_i \in \boldsymbol{R},\ A_i \in \mathfrak{S}). \tag{3}$$

über dem System $\mathfrak{S}$.

Satz 4: *Jede Treppenfunktion über einen Semiring $\mathfrak{S}$ kann in der Form* (3) *mit paarweise disjunkten Mengen A_i aus $\mathfrak{S}$ dargestellt werden.*

Beweis: Wir wählen ein disjunktes Erzeugendensystem $\{S_0, S_1, \ldots, S_n\}$ von $\{A_0, A_1, \ldots, A_m\}$ und setzen

$$\delta_k(A_i) := \begin{cases} 1 & \text{für} \quad A_i \cap S_k \neq \emptyset \\ 0 & \text{für} \quad A_i \cap S_k = \emptyset. \end{cases} \tag{4}$$

Dann ist offensichtlich

$$\chi_{A_i} = \sum_{k=0}^{n} \delta_k(A_i)\, \chi_{S_k} \qquad (i = 0, 1, \ldots, m). \tag{5}$$

Setzen wir dies in (3) ein, so erhalten wir nach Zusammenfassung aller Glieder mit gleichem S_k die gewünschte Darstellung.

Satz 5: *Das System $\mathscr{E}(\mathfrak{S})$ aller Treppenfunktionen über einem Semiring $\mathfrak{S}$ bildet einen Vektorverband, der mit s, s' auch die Funktionen $s \cdot s'$, $|s|^p$ $(p > 0)$ und $s \cap 1$ umfaßt. Für alle $s \in \mathscr{E}(\mathfrak{S})$ und $a \geqq 0$ ist*

$$\{s > a\} \in r(\mathfrak{S}). \tag{6}$$

Beweis: Daß $\mathscr{E}(\mathfrak{S})$ mit s, s' auch die Funktionen $\lambda s (\lambda \in \boldsymbol{R})$, $s + s'$ und $s \cdot s'$ umfaßt, ist offensichtlich. Wir wählen für s eine Darstellung (3) mit paarweise disjunkten Mengen A_i. Dann ist

$$|s|^p = \sum_{i=0}^{m} |c_i|^p \chi_{A_i}, \qquad s \cap 1 = \sum_{i=0}^{m} (c_i \cap 1) \chi_{A_i},$$

$$\{s > a\} = \bigcup \{A_i : c_i > a\} \in r(\mathfrak{S}),$$

und hieraus folgen die restlichen Behauptungen.

5.2. σ-Ringe und σ-Algebren

Die Begriffsbildungen des vorigen Abschnitts sollen jetzt dahingehend verallgemeinert werden, daß die betrachteten Systeme auch gegenüber gewissen Bildungen mit abzählbar vielen Mengen des Systems abgeschlossen sind.

Definition 1: Ein Ring $\mathfrak{R}$ heißt ein *σ-Ring* bzw. ein *δ-Ring*, wenn die Vereinigung bzw. der Durchschnitt von abzählbar vielen Mengen aus $\mathfrak{R}$ wieder in $\mathfrak{R}$ liegt.

In analoger Weise wird eine σ-Algebra bzw. eine δ-Algebra definiert.

Im Rahmen der Integrationstheorie haben wir Beispiele für solche Strukturen kennengelernt. Das System aller Integrationsbereiche bildete eine σ-Algebra, das System aller meßbaren Mengen bzw. aller Mengen vom Maße Null einen σ-Ring. Ein δ-Ring wird beispielsweise vom System aller integrierbaren Mengen, d. h., von den Mengen A, für die χ_A integrierbar ist, gebildet.

Ein σ-Ring $\mathfrak{R}$ in X kann auch durch folgende Bedingungen charakterisiert werden:

(a) $\emptyset \in \mathfrak{R}$.

(b) Aus $A, B \in \mathfrak{R}$ folgt $A \setminus B \in \mathfrak{R}$.

(c) Aus $A_k \in \mathfrak{R}$ $(k \in \boldsymbol{N})$ folgt $\bigcup\limits_{k=0}^{\infty} A_k \in \mathfrak{R}$.

Ist $\mathfrak{R}$ ein σ-Ring, so gilt für $A_k \in \mathfrak{R}$ stets

$$\bigcap_{k=0}^{\infty} A_k = A_0 \setminus \bigcup_{k=0}^{\infty} (A_0 \setminus A_k), \tag{1}$$

d. h., jeder σ-Ring $\mathfrak{R}$ ist ein δ-Ring.

Eine σ-Algebra kann durch die Bedingungen (a), (c) und die folgende Bedingung charakterisiert werden.

(b') Aus $A \in \mathfrak{R}$ folgt $\bar{A} \in \mathfrak{R}$.

Ein σ-Ring $\mathfrak{R}$ ist genau dann eine σ-Algebra, wenn $X \in \mathfrak{R}$ ist. Ein einfaches Beispiel für eine σ-Algebra ist die Potenzmenge $\mathfrak{P}(X)$.

Ein Mengensystem $\mathfrak{S}$ heißt *monoton*, wenn aus A_n, $B_n \in \mathfrak{S}$ und $A_n \uparrow A, B_n \downarrow B$ stets $A, B \in \mathfrak{S}$ folgt. Ein Ring bzw. eine Algebra $\mathfrak{R}$ ist ein σ-Ring bzw. eine σ-Algebra genau dann, wenn $\mathfrak{R}$ ein monotones System ist.

Ebenso wie in 5.1. zeigt man, daß es zu jedem nichtleeren Mengensystem $\mathfrak{S}$ einen kleinsten σ-Ring $r_\sigma(\mathfrak{S})$, eine kleinste σ-Algebra $a_\sigma(\mathfrak{S})$ und ein kleinstes monotones System $m_\sigma(\mathfrak{S})$ gibt, das $\mathfrak{S}$ umfaßt. Wir nennen diese Systeme auch den *erzeugten σ-Ring*, die *erzeugte σ-Algebra* bzw. das *erzeugte monotone System*.

Die Inklusion $\mathfrak{S} \subseteq \mathfrak{S}'$ überträgt sich auf die erzeugten Strukturen. Ferner gelten die Inklusionen

$$r(\mathfrak{S}), m_\sigma(\mathfrak{S}) \subseteq r_\sigma(\mathfrak{S}) \subseteq a_\sigma(\mathfrak{S}), \tag{1}$$

$$r(\mathfrak{S}) \subseteq a(\mathfrak{S}) \subseteq a_\sigma(\mathfrak{S}). \tag{2}$$

Nützlich für verschiedene Anwendungen ist

Satz 1: *Das von einem Ring $\mathfrak{R}$ erzeugte monotone System ist ein σ-Ring.*

Beweis: Für jede Menge A aus dem von $\mathfrak{R}$ erzeugten monotonen System sei $\mathfrak{S}(A)$ das System aller Mengen B aus $m_\sigma(\mathfrak{R})$, für die auch $A \setminus B$, $B \setminus A$ und $A \cup B$ in $m_\sigma(\mathfrak{R})$ liegen. Wir stellen fest:

(a) Aus $A \in m_\sigma(\mathfrak{R})$ folgt $A \in \mathfrak{S}(A)$.

(b) Aus $A, B \in m_\sigma(\mathfrak{R})$ und $B \in \mathfrak{S}(A)$ folgt $A \in \mathfrak{S}(B)$.

Diese beiden Aussagen fließen unmittelbar aus der Definition von $\mathfrak{S}(A)$.

(c) Für alle $A \in m_\sigma(\mathfrak{R})$ ist $\mathfrak{S}(A)$ ein monotones System.

In der Tat, es sei $B_k \in \mathfrak{S}(A)$, und es gelte $B_k \uparrow B$. Wegen $A \setminus B_k \downarrow A \setminus B$, $B_k \setminus A \uparrow B \setminus A$ und $A \cup B_k \uparrow A \cup B$ folgt $A \setminus B$, $B \setminus A$, $A \cup B \in m_\sigma(\mathfrak{R})$ und damit $B \in \mathfrak{S}(A)$. In gleicher Weise zeigt man, daß aus $B_k \in \mathfrak{S}(A)$ und $B_k \downarrow B$ stets $B \in \mathfrak{S}(A)$ folgt.

(d) Für alle $A \in \mathfrak{R}$ gilt $\mathfrak{S}(A) = m_\sigma(\mathfrak{R})$.

Zunächst gilt $\mathfrak{R} \subseteq \mathfrak{S}(A) \subseteq m_\sigma(\mathfrak{R})$ nach Definition von $\mathfrak{S}(A)$. Es folgt $m_\sigma(\mathfrak{R}) \subseteq m_\sigma\big(\mathfrak{S}(A)\big) \subseteq m_\sigma(\mathfrak{R})$, und da $m_\sigma\big(\mathfrak{S}(A)\big) = \mathfrak{S}(A)$ wegen (c) gilt, folgt die Behauptung (d).

(e) Für alle $A \in m_\sigma(\mathfrak{R})$ ist $\mathfrak{S}(A) = m_\sigma(\mathfrak{R})$.

Ist nämlich $B \in \mathfrak{R}$, so ist $A \in m_\sigma(\mathfrak{R}) = \mathfrak{S}(B)$ nach (d). Wegen (b) gilt $B \in \mathfrak{S}(A)$. Es folgt $\mathfrak{R} \subseteq \mathfrak{S}(A)$, und da $\mathfrak{S}(A)$ ein monotones System ist, haben wir $m_\sigma(\mathfrak{R}) = \mathfrak{S}(A)$.

(f) Das System $m_\sigma(\mathfrak{R})$ ist ein Ring.

Aus $A, B \in m_\sigma(\mathfrak{R})$ folgt nämlich $B \in \mathfrak{S}(B) = m_\sigma(\mathfrak{R}) = \mathfrak{S}(A)$, also $A \setminus B$, $A \cup B \in m_\sigma(\mathfrak{R})$.

Als monotones System ist der Ring $m_\sigma(\mathfrak{R})$ sogar ein σ-Ring, und Satz 1 ist bewiesen.

In jedem topologischen Raum kann eine σ-Algebra in natürlicher Weise ausgezeichnet werden.

Definition 2: Die vom System aller offenen Mengen eines topologischen Raumes X erzeugte σ-Algebra heißt die Borel*sche σ-Algebra* $\mathfrak{B}(X)$ in X und die Elemente von $\mathfrak{B}(X)$ heißen die Borel*schen Mengen* des topologischen Raumes X.

Satz 2: *Die folgenden Mengensysteme erzeugen die σ-Algebra* $\mathfrak{B}(\boldsymbol{R}^n)$ *der* Borel*schen Mengen des Raumes* $\boldsymbol{R}^n$:

(a) *Das System* $\mathfrak{G}$ *aller offenen Mengen,*

(b) *das System* $\mathfrak{F}$ *aller abgeschlossenen Mengen,*

(c) *das System* $\mathfrak{F}_k$ *aller kompakten Mengen,*

(d) *das System* $\mathfrak{J}_k^n$ *aller kompakten Intervalle,*

(e) *das System* $\mathfrak{J}^n$ *aller Intervalle,*

(f) *das System* $\mathfrak{J}_{lo}^n$ *(oder* $\mathfrak{J}_{ro}^n$*).*

Beweis: Eine Menge $F \subseteq X$ ist abgeschlossen genau dann, wenn ihre Komplementärmenge offen ist. Daher erzeugen $\mathfrak{F}$ und $\mathfrak{G}$ dieselbe σ-Algebra. Weiterhin ist $\mathfrak{J}_k^n \subseteq \mathfrak{F}_k \subseteq \mathfrak{F}$. Da jedes Intervall $I \in \mathfrak{J}$ als Vereinigung von abzählbar vielen kompakten Intervallen dargestellt werden kann, gilt das Entsprechende für Intervalle $I \in \mathfrak{J}^n$, und wir haben $\mathfrak{J}^n \subseteq a_\sigma(\mathfrak{J}_k^n)$. Nach 3.2., Satz 7, ist jede offene Menge die Vereinigung abzählbar vieler rechts rechts offener Intervalle, und es folgt $\mathfrak{G} \subseteq a_\sigma(\mathfrak{J}_{ro}^n)$. Zusammenfassend haben wir

$$\mathfrak{B}(\boldsymbol{R}^n) = a_\sigma(\mathfrak{G}) \subseteq a_\sigma(\mathfrak{J}_{ro}^n) \subseteq a_\sigma(\mathfrak{J}^n)$$

$$\subseteq a_\sigma(\mathfrak{J}_k^n) \subseteq a_\sigma(\mathfrak{F}_k) \subseteq a_\sigma(\mathfrak{F}) = \mathfrak{B}(\boldsymbol{R}^n),$$

und der Zyklus ist geschlossen.

Die σ-Algebra der Lebesgue-meßbaren Mengen umfaßt alle offenen Mengen und damit auch alle Borel-meßbaren Mengen. Man kann aber zeigen, daß es Lebesgue-meßbare Mengen gibt, die nicht Borel-meßbar sind.

Wir bemerken noch, daß die σ-Algebra aller Borelschen Mengen reeller Zahlen auch vom System aller Intervalle $(-\infty, a)$ oder $(-\infty, a]$ erzeugt wird. In der Tat liegen die Intervalle $[a, b) = (-\infty, b) \setminus (-\infty, a]$ bzw. $(a, b] = (-\infty, b) \setminus (-\infty, a]$ in der erzeugten σ-Algebra, und hieraus kann die Behauptung abgeleitet werden.

Neben der Borelschen σ-Algebra $\mathfrak{B}(\boldsymbol{R})$ spielt auch die σ-Algebra $\mathfrak{B}(\boldsymbol{R}^a)$ der Borelschen Mengen des erweiterten Bereichs $\boldsymbol{R}^a$ der reellen Zahlen eine große Rolle. Sie wird von dem System aller offenen Mengen $G \subseteq \boldsymbol{R}$ und den Einermengen $\{-\infty\}$, $\{\infty\}$ erzeugt. Ein weiteres Erzeugendensystem bildet das System aller Intervalle $[-\infty, a)$ oder $[-\infty, a]$ mit $a \in \boldsymbol{R}$.

5.3. Meßbare Funktionen

In der Integrationstheorie hatten wir eine Funktion als meßbar bezeichnet, wenn sie sich als Grenzwert einer Folge integrierbarer Funktionen darstellen ließ. Für die LEBESGUE-meßbaren Funktionen $\varphi: \boldsymbol{R}^n \to \boldsymbol{R}^a$ ergab sich hieraus eine Charakterisierung mit Hilfe der σ-Algebra der LEBESGUE-meßbaren Mengen, und zwar ist φ meßbar genau dann, wenn die Menge $\{\varphi > a\}$ für alle reellen Zahlen a in dieser σ-Algebra liegt. In ganz analoger Weise kann man den Begriff der Meßbarkeit bezüglich einer abstrakten σ-Algebra einführen.

Definition 1: Es sei $\mathfrak{A}$ eine σ-Algebra in X. Eine numerische Funktion $f: X \to \boldsymbol{R}^a$ heißt *$\mathfrak{A}$-meßbar*, wenn die Menge $\{f > a\}$ für alle $a \in \boldsymbol{R}$ in $\mathfrak{A}$ liegt.

Die Beziehungen 3.2. (2) bis (5) zeigen, daß die Aussagen

$$\{f > a\} \in \mathfrak{A} \qquad (a \in \boldsymbol{R}) \tag{1}$$

$$\{f \geqq a\} \in \mathfrak{A} \qquad (a \in \boldsymbol{R}) \tag{2}$$

$$\{f < a\} \in \mathfrak{A} \qquad (a \in \boldsymbol{R}) \tag{3}$$

$$\{f \leqq a\} \in \mathfrak{A} \qquad (a \in \boldsymbol{R}) \tag{4}$$

untereinander äquivalent sind.

Wählen wir für $\mathfrak{A}$ speziell das System $\mathfrak{B}(\boldsymbol{R}^n)$ der BOREL-meßbaren Mengen des $\boldsymbol{R}^n$, so erhalten wir ein besonders wichtiges Funktionensystem.

Definition 2: Eine Funktion $f: \boldsymbol{R}^n \to \boldsymbol{R}^a$ heißt BOREL-*meßbar*, wenn die Menge $\{f > a\}$ für alle $a \in \boldsymbol{R}$ BOREL-meßbar ist, d. h., wenn f $\mathfrak{B}(\boldsymbol{R}^n)$-meßbar ist.

Da jede BOREL-meßbare Menge erst recht LEBESGUE-meßbar ist, folgt aus 3.2., Satz 2 , daß jede BOREL-meßbare Funktion erst recht LEBESGUE-meßbar ist. Die Umkehrung ist wiederum nicht erfüllt.

Ist f stetig, so ist $\{f > a\}$ für alle $a \in \boldsymbol{R}$ offen, also BOREL-meßbar. Daher ist jede stetige Funktion BOREL-meßbar.

Bevor wir wichtige Eigenschaften meßbarer Funktionen herleiten, wollen wir die Definition auf σ-Ringe verallgemeinern.

Definition 3: Es sei $\mathfrak{R}$ ein σ-Ring in X. Eine nichtnegative numerische Funktion f heißt *$\mathfrak{R}$-meßbar*, wenn die Menge $\{f > a\}$ für alle $a \geqq 0$ in $\mathfrak{R}$ liegt. Eine numerische Funktion f heißt $\mathfrak{R}$-meßbar, wenn f^+ und f^- $\mathfrak{R}$-meßbar sind.

Wir bemerken noch, daß eine komplexwertige Funktion $\mathfrak{R}$-meßbar heißt, wenn dies für ihren Real- und Imaginärteil zutrifft, beschränken uns aber im folgenden auf Funktionen $f\colon X \to \boldsymbol{R}^a$. Im folgenden sei $\mathfrak{R}$ stets ein σ-Ring. Zum Beweis der Äquivalenz der Definitionen 1 und 3 für σ-Algebren benötigen wir

Satz 1: *Eine nichtnegative Funktion f ist $\mathfrak{R}$-meßbar genau dann, wenn die Menge $\{f \geqq b\}$ für alle $\{b > 0\}$ $\mathfrak{R}$-meßbar ist.*

Beweis: Die Behauptung kann aus den Beziehungen

$$\{f \geqq b\} = \bigcap_{n=1}^{\infty} \left\{f > b - \frac{1}{n}\right\}, \quad \{f > a\} = \bigcup_{n=1}^{\infty} \left\{f \geqq a + \frac{1}{n}\right\}$$

abgelesen werden.

Es sei nun $\mathfrak{A}$ eine σ-Algebra. Ist f $\mathfrak{A}$-meßbar im Sinne von Definition 3, so gilt für $a \geqq 0$ stets $\{f > a\} = \{f^+ > a\} \in \mathfrak{A}$, und für $a < 0$ ist $\{f^- \geqq -a\} \in \mathfrak{A}$, also $\{f > a\} = \overline{\{f^- \geqq -a\}} \in \mathfrak{A}$, d. h., f ist $\mathfrak{A}$-meßbar im Sinne von Definition 1. Ist aber f $\mathfrak{A}$-meßbar im Sinne von Definition 1, so gelten die Aussagen (1) bis (4), und für $a \geqq 0$ ist $\{f^+ > a\} = \{f > a\} \in \mathfrak{A}$ und $\{f^- > a\} = \{f < -a\} \in \mathfrak{A}$, und $f = f^+ - f^-$ ist $\mathfrak{A}$-meßbar gemäß Definition 3.

Satz 2: *Der Grenzwert f einer jeden (in $\boldsymbol{R}^a$) konvergenten Folge $\mathfrak{R}$-meßbarer Funktionen f_n ist $\boldsymbol{R}$-meßbar.*

Beweis: Wegen $f_n^+ \to f^+$, $f_n^- \to f^-$ können wir uns auf den Fall $f_n \geqq 0$ beschränken. Es ist stets

$$\left\{\bigcup_{n=0}^{\infty} f_n > a\right\} = \bigcup_{n=0}^{\infty} \left\{f_n > a\right\},$$

denn ist f das Supremum der Funktionen f_n, so gilt $f(x) > a$ genau dann, wenn es ein n mit $f_n(x) > a$ gibt. Andererseits ist

$$\left\{\bigcap_{n=0}^{\infty} f_n \geqq b\right\} = \bigcap_{n=0}^{\infty} \left\{f_n \geqq b\right\},$$

denn ist f das Infimum der Funktionen f_n, so ist $f(x) \geqq b$ genau dann, wenn $f_n(x) \geqq b$ für alle n ist. Aus diesen Beziehungen folgern wir, daß mit $f_n \geqq 0$ ($n \in \boldsymbol{N}$) auch das Supremum und das Infimum $\mathfrak{R}$-meßbar ist. Aus 1.1. (5) oder (6) folgt nun, daß der Grenzwert der Funktionen f_n $\mathfrak{R}$-meßbar ist.

Satz 3: *Zu jeder (nichtnegativen) $\mathfrak{R}$-meßbaren Funktion f gibt es eine Folge von (nichtnegativen) Treppenfunktionen s_n über $\mathfrak{R}$ mit $s_n \to f$ (mit $s_n \uparrow f$).*

Beweis: Es sei f $\mathfrak{R}$-meßbar, $f \geqq 0$. Wählen wir für s_n die gemäß 3.2., Satz 3, definierten Funktionen f_n, so gilt $s_n \in \mathscr{E}_+(\mathfrak{R})$ und $s_n \uparrow f$. Für eine beliebige $\mathfrak{R}$-meßbare Funktion f gibt es demzufolge Treppenfunktionen s_n', s_n'' über $\mathfrak{R}$ mit $s_n' \uparrow f^+$ und $s_n'' \uparrow f^-$, also $s_n' - s_n'' \to f$, und Satz 3 ist bewiesen.

Satz 4: *Mit zwei Funktionen f, g sind auch die Funktionen λf, $f \cup g$, $f \cap g$, $f \cap 1$, $f \cdot g$, $|f|^p$ und, falls $f + g$ definiert ist, auch $f + g$ $\mathfrak{R}$-meßbar.*

Beweis: Wir wählen Treppenfunktionen s_n, s_n' über $\mathfrak{R}$ mit $s_n \to f$, $s_n' \to g$. Die Behauptung ergibt sich, indem wir die Grenzübergänge mit den entsprechend gebildeten Treppenfunktionen ausführen.

Satz 5: *Der Limes superior und Limes inferior einer jeden Folge $\mathfrak{R}$-meßbarer Funktionen f_n ist $\mathfrak{R}$-meßbar.*

Beweis: Die Funktionen $g_n := f_0 \cup \cdots \cup f_n$ bzw. $g_n := f_0 \cap \cdots \cap f_n$ sind nach Satz 4 $\mathfrak{R}$-meßbar und streben gegen das Supremum bzw. Infimum der Funktionen f_n. Die Behauptung folgt also wiederum aus 1.1. (5), (6).

Das System der $\mathfrak{R}$-meßbaren Funktionen genügt also ebenso wie das in 2.4. eingeführte System der $\mathcal{L}$-meßbaren Funktionen der folgenden

Definition 4: Ein nichtleeres System $\mathcal{M}$ numerischer Funktionen $f: X \to \bar{\boldsymbol{R}}$ heißt ein *meßbares System*, wenn es folgende Eigenschaften besitzt:

(a) Zu $f \in \mathcal{M}$ gibt es endliche Funktionen $f_n \in \mathcal{M}$ mit $f_n \to f$.

(b) Aus $f, g \in \mathcal{M}$ folgt $\lambda f \in \mathcal{M}$ $(\lambda \in \boldsymbol{R})$ und, falls $f + g$ definiert ist, auch $f + g \in \mathcal{M}$.

(c) Aus $f_n \in \mathcal{M}$ folgt $\bigcup\limits_{n=0}^{\infty} f_n \in \mathcal{M}$.

Wie früher zeigt man, daß jedes meßbare System gegenüber der Bildung von Limes superior und Limes inferior abgeschlossen ist. Das System aller endlichen Funktionen aus einem meßbaren System bildet stets einen Vektorverband.

Satz 6: *Für jedes meßbare System $\mathcal{M}$ bildet das System $\mathfrak{R}(\mathcal{M})$ aller Mengen A, deren charakteristische Funktion in $\mathcal{M}$ liegt, einen σ-Ring, und $\mathcal{M}$ umfaßt das System aller $\mathfrak{R}(\mathcal{M})$-meßbaren Funktionen.*

Beweis: Daß $\mathfrak{R}(\mathcal{M})$ einen σ-Ring bildet, wird wörtlich wie im Beweis von 3.2., Satz 10, gezeigt. Nach Definition von $\mathfrak{R}(\mathcal{M})$ umfaßt $\mathcal{M}$ alle Treppenfunktionen über $\mathfrak{R}(\mathcal{M})$ und damit nach Satz 3 auch alle $\mathfrak{R}(\mathcal{M})$-meßbaren Funktionen.

Satz 7: *Zu jedem System $\mathcal{E}$ endlicher Funktionen $f: X \to \boldsymbol{R}$ gibt es ein kleinstes meßbares System, das von $\mathcal{E}$ erzeugte meßbare System $\mathcal{M}(\mathcal{E})$, das $\mathcal{E}$ umfaßt.*

Beweis: Es sei $\mathcal{M}$ der Durchschnitt aller meßbaren Systeme, die $\mathcal{E}$ umfassen, und $\mathcal{M}'$ das Teilsystem der Funktionen $f \in \mathcal{M}$, zu denen endliche Funktionen $f_n \in \mathcal{M}$ mit $f_n \to f$ existieren. Dann erfüllt $\mathcal{M}'$ die Bedingungen (a), (b), (c) von Definition (4), und es ist $\mathcal{M} = \mathcal{M}'$[1]. Somit ist $\mathcal{M}' =$ das gesuchte kleinste System.

[1]) Der Beweis von (c) ist ähnlich wie der Beweis von 2.4., Satz 4 zu führen.

Satz 8: *Das System aller* BOREL-*meßbaren Funktionen* $f: X \to \boldsymbol{R}^n$ *ist das kleinste meßbare System* $\mathcal{M}$, *das alle stetigen Funktionen aus* $C_0(\boldsymbol{R}^n)$ *umfaßt.*

Beweis: Wir hatten bereits zu Anfang dieses Abschnittes festgestellt, daß alle stetigen Funktionen zum System der BOREL-meßbaren Funktionen gehören. Das kleinste meßbare System $\mathcal{M}$, das alle stetigen Funktionen aus $C_0(\boldsymbol{R}^n)$ umfaßt, ist also im System aller BOREL-meßbaren Funktionen enthalten.

Da die charakteristische Funktion eines jeden kompakten Intervalls $I \subseteq \boldsymbol{R}^n$ Grenzwert einer Folge von Funktionen aus $C_0(\boldsymbol{R}^n)$ ist, liegt I im σ-Ring $\mathfrak{R}(\mathcal{M})$. Damit umfaßt $\mathfrak{R}(\mathcal{M})$ den von diesen Intervallen erzeugten σ-Ring. Der letztere umfaßt $\boldsymbol{R}^n$ und ist demzufolge eine σ-Algebra, nach 5.2., Satz 2, nämlich die σ-Algebra $\mathfrak{B}(\boldsymbol{R}^n)$. Somit ist $\mathfrak{B}(\boldsymbol{R}^n) \subseteq \mathfrak{R}(\mathcal{M})$. Auf Grund von Satz 6 liegt also jede BOREL-meßbare Funktion in $\mathcal{M}$.

Von BAIRE wurde ein Verfahren angegeben, wie das System der endlichen BOREL-meßbaren Funktionen durch transfinite Induktion konstruiert werden kann. Wir setzen $\mathcal{M}_0 := C_0(\boldsymbol{R}^n)$. Unter $\mathcal{M}_1$ verstehen wir das System aller eigentlichen Grenzwerte von Funktionen aus $\mathcal{M}_0$. Man erkennt, daß $\mathcal{M}_1$ wieder einen Vektorverband bildet, der $\mathcal{M}_0$ umfaßt. Ist α eine Kardinalzahl, und ist der Vektorverband $\mathcal{M}_\beta$ für alle $\beta < \alpha$ schon konstruiert, so sei $\mathcal{M}_\alpha$ das System aller eigentlichen Grenzwerte von Funktionfolgen (f_n), wobei jede Funktion f_n in einer der Mengen $\mathcal{M}_\beta$ mit $\beta < \alpha$ liege. Wiederum bildet $\mathcal{M}_\alpha$ einen Vektorverband, der alle Vektorverbände $\mathcal{M}_\beta$ mit $\beta < \alpha$ umfaßt. Da das System aller endlichen BOREL-meßbaren Funktionen höchstens die Mächtigkeit des Systems aller Funktionen $f: \boldsymbol{R}^n \to \boldsymbol{R}$ besitzen kann, muß dieses Verfahren bei einer gewissen Kardinalzahl abbrechen, weil keine neuen Funktionen mehr hinzukommen.

Für jedes α heißt das System aller Funktionen f, die in der Klasse $\mathcal{M}_\alpha$ aber in keiner Klasse $\mathcal{M}_\beta$ mit $\beta < \alpha$ liegen, die BAIRE*sche Klasse* der Ordnung α.

Der nachfolgende Satz zeigt, daß die Einschränkung des LEBESGUEschen Integrals auf das Teilsystem $B(\boldsymbol{R}^n)$ aller LEBESGUE-integrierbaren Funktionen, die zugleich BOREL-meßbar sind, gerade die minimale Fortsetzung des auf $C_0(\boldsymbol{R}^n)$ definierten Integrals zu einem L-Integral ist. Wir nennen diese Einschränkung das n-dimensionale BOREL*sche Integral.* Eine Funktion ist hiernach BOREL-integrierbar genau dann, wenn sie LEBESGUE-integrierbar und BOREL-meßbar zugleich ist.

Satz 9: *Jedes Integral J auf einem Vektorverband $\mathscr{E}$ über X besitzt genau eine minimale Fortsetzung zu einem L-Integral J_B auf einem Vektorverband $B(J)$. Dabei ist $B(J)$ das System aller Funktionen $\varphi \in L(J)$, die zugleich im kleinsten $\mathscr{E}$ umfassenden meßbaren System liegen, und J_B ist die Einschränkung von J_L auf $B(J)$.*

Beweis: Es sei $B(J)$ der Durchschnitt der Systeme $L(J)$ und $\mathscr{M}(\mathscr{E})$ und

$$J_B := J_L | B(J).$$

Offensichtlich gilt $\mathscr{E} \subseteq B(J)$, und $B(J)$ bildet einen Vektorverband. Ferner ist J_B eine Fortsetzung von J zu einem Integral. Die Grenzfunktion φ einer jeden eigentlich konvergenten LEVI-Folge (bezüglich J_B) von Funktionen $\varphi_n \in B(J)$ liegt wegen $J_B(\varphi_n) = J_L(\varphi_n)$ in $L(J)$ und in dem meßbaren System $\mathscr{M}(\mathscr{E})$, also wiederum in $B(J)$. Daher ist J_B sogar ein L-Integral.

Zum Beweis der Minimalität von J_B haben wir zu zeigen, daß jede Fortsetzung $\tilde{J}$ von J zu einem L-Integral auf einem Vektorverband $\tilde{\mathscr{L}}$ mit $\mathscr{E} \subseteq \tilde{\mathscr{L}} \subseteq B(J)$ mit J_B zusammenfällt. Da J, $\tilde{J}$ und J_B nach 2.3., Satz 3, auf genau eine Weise auf $L(J)$ fortgesetzt werden können, gilt $\tilde{J}(\varphi) = J_B(\varphi)$ für alle $\varphi \in \tilde{\mathscr{L}}$. Es sei φ eine nichtnegative Funktion aus $B(J)$. Wegen $\mathscr{E} \subseteq \tilde{\mathscr{L}} \subseteq B(J) \subseteq \mathscr{M}(\mathscr{E})$ ist $\varphi \in \mathscr{M}(\mathscr{E}) = \mathscr{M}(\tilde{\mathscr{L}})$, d. h., die Funktion φ ist $\tilde{\mathscr{L}}$-meßbar, und es gibt $\varphi_n \in \tilde{\mathscr{L}}$ mit $\varphi_n \uparrow \varphi$. Es folgt

$$\tilde{J}(\varphi) = \lim_{n\to\infty} \tilde{J}(\varphi_n) = \lim_{n\to\infty} J_B(\varphi_n) = J_B(\varphi)$$

und damit $\varphi \in \tilde{\mathscr{L}}$. Somit ist $B(J) \subseteq \tilde{\mathscr{L}}$, also $\tilde{\mathscr{L}} = B(J)$ und $\tilde{J} = J_B$. Damit ist Satz 9 bewiesen.

6. Inhalte und Maße

6.1. Additive Mengenfunktion und Inhalte

Nachdem wir im vorigen Kapitel verschiedene Systeme von Teilmengen einer Grundmenge X kennengelernt haben, sollen jetzt zusätzlich Funktionale auf diesen Strukturen eingeführt werden. Wir untersuchen gewisse Tripel $(X, \mathfrak{S}, \mu)$, wobei $\mathfrak{S}$ ein Mengensystem über X und μ ein Funktional auf $\mathfrak{S}$ ist. Für die klassische Inhaltslehre ist $\mathfrak{S}$ beispielsweise als das System aller elementargeometrischen Figuren S zu deuten, denen ein Inhalt $\mu(S)$ zugeordnet werden kann. Wir wollen bei unseren allgemeinen Betrachtungen zulassen, daß μ auch Werte im erweiterten System der reellen Zahlen annimmt.

Definition 1: Ein auf einem Ring $\mathfrak{R}$ in X definiertes Funktional μ mit Werten in $\boldsymbol{R}^a$ heißt eine *additive Mengenfunktion* auf $\mathfrak{R}$, wenn es folgende Eigenschaften besitzt:

(a) $\mu(\emptyset) = 0$

(b) Aus $A, B \in \mathfrak{R}$ und $A \cap B = \emptyset$ folgt $\mu(A \cup B) = \mu(A) + \mu(B)$ (Additivität).

Ist $\mu(A) \geqq 0$ für alle $A \in \mathfrak{R}$, so heißt μ ein *Inhalt* auf $\mathfrak{R}$. Ist $0 \leqq \mu(A) < \infty$ für alle $A \in \mathfrak{R}$, so heißt μ ein *endlicher Inhalt* auf $\mathfrak{R}$.

Die Beziehungen

$$\mu(A) = \mu(A \cap B) + \mu(A \setminus B) \qquad (A, B \in \mathfrak{R}), \tag{1}$$

$$\mu(A \cup B) = \mu(A) + \mu(B \setminus A) \qquad (A, B \in \mathfrak{R}) \tag{2}$$

sind einfache Folgerungen. Aus (2) leiten wir

$$\mu(A \cup B) + \mu(A \cap B) = \mu(B) + \mu(A \setminus B) + \mu(A \cap B)$$

ab und gewinnen mit (1) die interessante Relation

$$\mu(A \cup B) + \mu(A \cap B) = \mu(A) + \mu(B) \quad (A, B \in \mathfrak{R}). \tag{3}$$

Aus ihr folgt offensichtlich umgekehrt die in der Definition geforderte Additivität.

Ein einfacher Beweis durch vollständige Induktion zeigt, daß die Additivität auch für endlich viele paarweise disjunkte Mengen $A_0, \ldots, A_n$ mit der Vereinigungsmenge A erfüllt ist. Diesen Sachverhalt können wir recht prägnant in der Implikation

$$\chi_A = \sum_{k=0}^{n} \chi_{A_k} \Rightarrow \mu(A) = \sum_{k=0}^{n} \mu(A_k) \qquad (A_k \in \mathfrak{R}) \tag{4}$$

zum Ausdruck bringen, denn die Prämisse mit $A_k \in \mathfrak{R}$ ist genau dann erfüllt, wenn die Mengen A_k paarweise disjunkt sind und $A \in \mathfrak{R}$ ist.

Ist μ ein Inhalt, so gilt die *Isotonie*

$$\mu(B) \leqq \mu(A) \qquad (A, B \in \mathfrak{R}, B \subseteq A), \tag{5}$$

denn in (1) haben wir dann $A \cap B = B$ und $\mu(A \setminus B) \geqq 0$. Mit Hilfe der Integrationstheorie können zahlreiche Beispiele für additive Mengenfunktionen konstruiert werden. Ist $(X, \mathscr{L}, J)$ ein Integrationsraum und φ eine $\mathscr{L}$-meßbare Funktion, deren Integral existiert, so ist das auf der Menge aller Integrationsbereiche definierte Funktional

$$\mu : A \mapsto \int_A \varphi(x) \, \mathrm{d}x \tag{6}$$

eine additive (sogar σ-additive) Mengenfunktion. Unsere weiteren Überlegungen zielen allerdings umgekehrt viel stärker darauf ab, Integrationsräume mit Hilfe einfacher additiver Mengenfunktionen zu konstruieren. Aus diesem Grunde wollen wir auch den Begriff der additiven Mengenfunktion von Ringen auf Semiringe übertragen. Wir nennen eine auf einem Semiring $\mathfrak{S}$ definierte Mengenfunktion μ *additiv*, wenn neben $\mu(\emptyset) = 0$ die Implikation

$$\chi_S = \sum_{k=0}^{n} \chi_{S_k} \Rightarrow \mu(S) = \sum_{k=0}^{n} \mu(S_k) \quad (S, S_k \in \mathfrak{S}) \tag{7}$$

erfüllt ist. Wegen (4) stimmt diese Definition mit der früheren überein, wenn $\mathfrak{S}$ sogar ein Ring ist. Wir betrachten ein wichtiges

Beispiel: Es sei G eine auf $\boldsymbol{R}$ definierte reellwertige Funktion. Auf dem Semiring $\mathfrak{I}$ aller Intervalle oder auf dem Semiring $\mathfrak{I}_{ro}$ bzw. $\mathfrak{I}_{lo}$ aller halboffenen Intervalle I definieren wir vermöge

$$m_G(I) := G(b) - G(a) \tag{8}$$

ein Funktional. Es seien $I_0, \ldots, I_n$ Intervalle aus dem betrachteten System mit $\chi_I = \sum_{k=0}^{n} \chi_{I_k}$. Die Intervalle I_k mit den Randpunkten $a_k \leqq b_k$ sind dann paarweise disjunkt, und wir können sie so anordnen, daß $b_k \leqq a_{k+1}$ ist. Da ihre Vereinigung ein Intervall ist, kann nicht $b_k < a_{k+1}$ gelten. Somit gilt $a = a_0$, $b_k = a_{k+1}$, $b_n = b$ und

$$\sum_{k=0}^{n} m_G(I_k) = \sum_{k=0}^{n} \big(G(b_k) - G(a_k)\big) = G(b) - G(a) = m_G(I).$$

Die Implikation (7) ist erfüllt, und m_G ist eine additive Mengenfunktion. Ist G sogar isoton, so ist stets $m_G(I) \geqq 0$. Ist schließlich $G(x) = x$ für alle $x \in R$, so ist $m_G(I) = b - a = m(I)$ das LEBESGUEsche Maß, nämlich die Länge des Intervalls I.

Additive Mengenfunktionen auf einem Semiring $\mathfrak{S}$ können in einer natürlichen Weise zu additiven Mengenfunktionen auf dem von $\mathfrak{S}$ erzeugten Ring fortgesetzt werden, wenn die Summe $\mu(S) + \mu(S')$ stets definiert ist. Dies ist sicher der Fall, wenn z. B. $\mu(S)$ für alle $S \in \mathfrak{S}$ von $-\infty$ verschieden ist. Die Werte $\mu(S)$ müssen also wenigstens in einer Halbgruppe liegen.

Satz: 1 *Jede additive Mengenfunktion μ auf einem Semiring $\mathfrak{S}$ in X mit Werten in einer Halbgruppe (z. B. in $\boldsymbol{R}^a \setminus \{-\infty\}$) kann auf genau eine Weise zu einer additiven Mengenfunktion auf dem von $\mathfrak{S}$ erzeugten Ring fortgesetzt werden.*

Beweis: Es existiere eine auf $r(\mathfrak{S})$ definierte Fortsetzung $\tilde{\mu}$ von μ. Jede Menge $A \in r(\mathfrak{S})$ läßt sich als endliche Vereinigung paarweise disjunkter Mengen $S_0, \ldots, S_n$ aus $\mathfrak{S}$ darstellen, und es ist

$$\tilde{\mu}(A) = \sum_{k=0}^{n} \tilde{\mu}(S_k) = \sum_{k=0}^{n} \mu(S_k).$$

Daher ist $\tilde{\mu}$ durch μ eindeutig bestimmt.

Zum Beweis der Existenz von μ müssen wir zeigen, daß aus

$$\bigcup_{i=0}^{m} S_i = \bigcup_{k=0}^{n} S_k'$$

im Falle paarweise disjunkter Mengen S_i bzw. S_k' stets

$$\sum_{i=0}^{m} \mu(S_i) = \sum_{k=0}^{n} \mu(S_k')$$

folgt. In der Tat gilt unter unseren Voraussetzungen

$$\chi_{S_i} = \sum_{k=0}^{n} \chi_{S_k' \cap S_i}, \qquad \chi_{S_k'} = \sum_{i=0}^{m} \chi_{S_k' \cap S_i},$$

und wegen (7) ist

$$\sum_{i=0}^{m} \mu(S_i) = \sum_{i=0}^{m} \sum_{k=0}^{n} \mu(S_k' \cap S_i)$$

$$= \sum_{k=0}^{n} \sum_{i=0}^{m} \mu(S_k' \cap S_i) = \sum_{k=0}^{n} \mu(S_k').$$

Die Definition

$$\tilde{\mu}(A) := \sum_{k=0}^{n} \mu(S_k) \quad (S_k \in \mathfrak{S}, \chi_A = \sum_{k=0}^{n} \chi_{S_k}) \tag{9}$$

ist daher unabhängig von der Darstellung. Aus $A, B \in r(\mathfrak{S})$ und $A \cap B = \emptyset$ folgt offensichtlich $\tilde{\mu}(A \cup B) = \tilde{\mu}(A) + \tilde{\mu}(B)$, und unser Satz ist bewiesen.

Im Falle $\mu(S) \geqq 0$ für alle S gilt noch die Implikation

$$S \subseteq \bigcup_{k=0}^{n} S_k \Rightarrow \mu(S) \leqq \sum_{k=0}^{n} \mu(S_k), \tag{10}$$

die wir als *Subadditivität* bezeichnen. Zum Beweis setzen wir $S_0' := S_0$, $S'_{k+1} := S_{k+1} \setminus (S_0 \cup \cdots \cup S_n)$ und stützen uns auf (7) und die Isotonie von μ.

6.2. Maße und Prämaße

Der Begriff des Maßes ist bereits in der Integrationstheorie aufgetreten. In diesem Abschnitt wollen wir ihn axiomatisch charakterisieren.

Definition 1: Ein auf einem σ-Ring $\mathfrak{R}$ in X definiertes Funktional μ mit Werten in $\boldsymbol{R}^a$ heißt eine *σ-additive Mengenfunktion,* wenn es folgende Eigenschaften besitzt:

(a) $\mu(\emptyset) = 0$.

(b) Aus $A_n \in \mathfrak{R}$ und $A_i \cap A_j = \emptyset$ für $i \neq j$ folgt

$$\mu\left(\bigcup_{n=0}^{\infty} A_n\right) = \sum_{n=0}^{\infty} \mu(A_n) \tag{1}$$

(σ-Additivität).

Ist $\mu(A) \geqq 0$ für alle $A \in \mathfrak{R}$, so heißt μ ein *Maß* auf $\mathfrak{R}$ und $(X, \mathfrak{R}, \mu)$ ein *Maßraum.*

Jedes Maß ist erst recht ein Inhalt, und folglich bleiben alle im vorigen Abschnitt bewiesenen Aussagen unverändert gültig. Die σ-Additivität kann durch die Implikation

$$\chi_A = \sum_{k=0}^{\infty} \chi_{A_k} \Rightarrow \mu(A) = \sum_{k=0}^{\infty} \mu(A_k) \qquad (A_k \in \mathfrak{R}) \qquad (2)$$

charakterisiert werden.

Definition 2: Ein Maß μ auf $\mathfrak{R}$ bzw. ein Maßraum $(X, \mathfrak{R}, \mu)$ heißt *vollständig*, wenn jede Teilmenge einer Menge vom Maße Null wieder in $\mathfrak{R}$ liegt.

Aus der Isotonie eines Maßes folgt natürlich, daß jede Teilmenge einer Menge vom Maße Null das Maß Null besitzt.

Wir wenden uns nun einem der wichtigsten Probleme der Maßtheorie zu, nämlich ob ein gegebener Inhalt μ auf einem Ring $\mathfrak{R}$ zu einem Maß $\tilde{\mu}$ auf einem σ-Ring $\tilde{\mathfrak{R}} \supseteq \mathfrak{R}$ fortgesetzt werden kann. Man überlegt sich leicht, daß eine notwendige Bedingung darin besteht, daß die Summe der Inhalte abzählbar vieler Mengen A_k aus $\mathfrak{R}$, deren Vereinigung A wieder in $\mathfrak{R}$ liegt, gleich dem Inhalt von A ist. Wir werden sehen, daß diese Bedingung sogar hinreichend ist. Dies gibt Anlaß zur

Definition 3: Ein Inhalt μ auf einem Ring $\mathfrak{R}$ in X heißt ein *Prämaß* auf $\mathfrak{R}$, wenn aus $A, A_k \in \mathfrak{R}, A_i \cap A_j = \emptyset$ für $i \neq j$ und $A = \bigcup_{k=0}^{\infty} A_k$ stets $\mu(A) = \sum_{k=0}^{\infty} \mu(A_k)$ folgt (bedingte σ-Additivität).

Der Zusatz „bedingt" soll hierbei daran erinnern, daß neben $A_k \in \mathfrak{R}$ auch $A \in \mathfrak{R}$ vorausgesetzt werden muß. Für Maße ist diese Forderung von selbst erfüllt.

Die bedingte σ-Additivität ist mit anderen Forderungen äquivalent.

Satz 1: *Ein Inhalt μ auf einem Ring $\mathfrak{R}$ ist ein Prämaß genau dann, wenn er stetig von unten ist, d. h., wenn aus $B, B_n \in \mathfrak{R}$ und $B_n \uparrow B$ stets $\mu(B_n) \uparrow \mu(B)$ folgt.*

Beweis: Es sei μ ein Prämaß, und es gelte $B, B_n \in \mathfrak{R}$ und $B_n \uparrow B$. Die Mengen

$$A_0 := B_0, \quad A_{n+1} := B_{n+1} \setminus B_n$$

sind paarweise disjunkt, und ihre Vereinigungsmenge ist B. Wegen $B_n = A_0 \cup \cdots \cup A_n$ ist

$$\mu(B) = \sum_{n=0}^{\infty} \mu(A_n) = \lim_{n\to\infty} \sum_{k=0}^{n} \mu(A_k) = \lim_{n\to\infty} \mu(B_n),$$

und μ ist stetig von unten.

Es sei umgekehrt μ stetig von unten, und es gelte $A, A_n \in \mathfrak{R}$, $A_i \cap A_j = \emptyset$ für $i \neq j$ und $A = \bigcup_{k=0}^{\infty} A_k$. Mit $B_n := A_0 \cup \cdots \cup A_n$ haben wir $B_n \uparrow A$, also

$$\mu(A) = \lim_{n\to\infty} \mu(B_n) = \lim_{n\to\infty} \sum_{k=0}^{n} \mu(A_k) = \sum_{k=0}^{\infty} \mu(A_k),$$

und μ ist ein Prämaß.

Jedes Maß ist erst recht ein Prämaß und folglich auch stetig von unten.

Während die Stetigkeit von unten für jedes Prämaß vorliegt, ist die Stetigkeit von oben nur unter einer Endlichkeitsvoraussetzung erfüllt.

Satz 2: *Jedes Prämaß μ auf einem Ring $\mathfrak{R}$ ist bedingt stetig von oben, d. h., aus $B, B_n \in \mathfrak{R}$ und $B_n \downarrow B$ folgt, falls $\mu(B_k)$ für wenigstens ein k endlich ist, auch $\mu(B_n) \downarrow \mu(B)$.*

Beweis: Wegen $B_k \setminus B_n \uparrow B_k \setminus B$ und der Stetigkeit von unten gilt

$$\begin{aligned}
\mu(B_k) + \lim_{n\to\infty} \mu(B_n) &= \mu(B) + \mu(B_k \setminus B) + \lim_{n\to\infty} \mu(B_n) \\
&= \mu(B) + \lim_{n\to\infty} \big(\mu(B_k \setminus B_n) + \mu(B_n)\big) \\
&= \mu(B) + \lim_{n\to\infty} \mu(B_k) \\
&= \mu(B) + \mu(B_k).
\end{aligned}$$

Aus $\mu(B_k) < \infty$ folgt unsere Behauptung.

Speziell ist jedes endliche Prämaß stetig von oben.

Satz 3: *Der von einer additiven Mengenfunktion μ auf einem Semiring $\mathfrak{S}$ mit Werten in $\mathbf{R}_+{}^a$ erzeugte Inhalt $\bar{\mu}$ auf $r(\mathfrak{S})$ ist ein Prämaß genau dann, wenn μ σ-subadditiv ist, d. h., wenn aus $S, S_n \in \mathfrak{S}$ und $S \subseteq \bigcup_{n=0}^{\infty} S_n$ stets $\mu(S) \leqq \sum_{n=0}^{\infty} \mu(S_n)$ folgt.*

Beweis: Der erzeugte Inhalt $\bar{\mu}$ sei ein Prämaß. Aus $S \subseteq \bigcup_{n=0}^{\infty} S_n$ folgt, wenn wir $B_n := S \cap \bigcup_{k=0}^{n} S_k$ setzen, $B_n \uparrow S$ und damit

$$\mu(S) = \lim_{n\to\infty} \bar{\mu}(B_n) \leqq \lim_{n\to\infty} \bar{\mu}\left(\bigcup_{k=0}^{n} S_k\right) \leqq \lim_{n\to\infty} \sum_{k=0}^{n} \mu(S_k)$$

$$= \sum_{k=0}^{\infty} \mu(S_k),$$

und μ ist σ-subadditiv.

Es sei umgekehrt μ σ-subadditiv. Zu $A, A_k \in r(\mathfrak{S})$ mit $A_i \cap A_j = \emptyset$ für $i \neq j$ und $A = \bigcup_{k=0}^{\infty} A_k$ wählen wir jeweils paarweise disjunkte Mengen $S_i, S_{kn} \in \mathfrak{S}$ mit

$$A = \bigcup_{i=0}^{p} S_i, \quad A_k = \bigcup_{n=0}^{p_k} S_{kn}.$$

Es folgt

$$S_i = A \cap S_i = \bigcup_{k=0}^{\infty} A_k \cap S_i = \bigcup_{k=0}^{\infty} \bigcup_{n=0}^{p_k} S_{kn} \cap S_i.$$

Da μ σ-subadditiv ist, haben wir

$$\mu(S_i) \leqq \sum_{k=0}^{\infty} \sum_{n=0}^{p_k} \mu(S_{kn} \cap S_i),$$

$$\tilde{\mu}(A) = \sum_{i=0}^{p} \mu(S_i) \leqq \sum_{k=0}^{\infty} \sum_{n=0}^{p_k} \sum_{i=0}^{p} \mu(S_{kn} \cap S_i)$$
$$= \sum_{k=0}^{\infty} \sum_{n=0}^{p_k} \mu(S_{kn}) = \sum_{k=0}^{\infty} \tilde{\mu}(A_k).$$

Andererseits ist

$$\sum_{k=0}^{\infty} \tilde{\mu}(A_k) = \lim_{n\to\infty} \sum_{k=0}^{n} \tilde{\mu}(A_k) = \lim_{n\to\infty} \tilde{\mu}\left(\bigcup_{k=0}^{n} A_k\right) \leqq \tilde{\mu}(A),$$

und folglich ist $\tilde{\mu}$ ein Prämaß.

Auf Grund dieses Satzes ist erst recht jedes Prämaß und jedes Maß σ-subadditiv.

6.3. Erzeugung von Maßen durch Prämaße

In diesem Abschnitt sei μ durchweg ein Prämaß auf einem σ-Ring $\mathfrak{R}$ in X. Von μ ausgehend werden wir verschiedene Prämaße bzw. Maße z. B. μ_f, μ_L usw. konstruieren, deren Definitionsbereiche wir dann jeweils mit $\mathfrak{R}(\mu_f)$, $\mathfrak{R}(\mu_L)$ usw. bezeichnen.

Das System aller Mengen $A \in \mathfrak{R}$ mit endlichem Inhalt bildet einen Ring, und die Einschränkung μ_f von μ auf diesen Ring ist ein endlicher Inhalt. Hiernach ist

$$\mathfrak{R}(\mu_f) = \{A \in \mathfrak{R}: \mu(A) < \infty\}.$$

Ferner sei $\mathscr{E}(\mu_f)$ der Vektorverband aller Treppenfunktionen über $\mathfrak{R}(\mu_f)$, also aller Funktionen der Form

$$s = \sum_{k=0}^{n} c_k \chi_{A_k} \quad (c_k \in \boldsymbol{R}, A_k \in \mathfrak{R}, \mu(A_k) < \infty). \tag{1}$$

Satz 1: *Es gibt genau ein Integral J_f^μ auf dem Vektorverband der Treppenfunktionen über dem Ring der Mengen $A \in \mathfrak{R}$ mit endlichen Inhalt, für das*

$$J_f^\mu(\chi_A) = \mu(A) \qquad (A \in \mathfrak{R}, \mu(A) < \infty) \tag{2}$$

ist.

Beweis: Besitzt J_f^μ die geforderten Eigenschaften, so folgt aus (1) offensichtlich

$$J_f^\mu(s) = \sum_{k=0}^{n} c_k \mu(A_k), \tag{3}$$

und J_f^μ ist durch μ vollständig bestimmt. Zum Beweis der Existenz zeigen wir, daß aus

$$\sum_{k=0}^{n} c_k \chi_{A_k} = 0 \tag{4}$$

stets

$$\sum_{k=0}^{n} c_k \mu(A_k) = 0 \tag{5}$$

folgt. Wenn dies gezeigt ist, folgt aus

$$\sum_{k=0}^{n} c_k \chi_{A_k} - \sum_{j=0}^{m} c_j' \chi_{A_j'} = 0$$

stets

$$\sum_{k=0}^{n} c_k \mu(A_k) - \sum_{j=0}^{m} c_j' \mu(A_j') = 0,$$

und die Definition

$$J_f^\mu\Big(\sum_{k=0}^{n} c_k \chi_{A_k}\Big) := \sum_{k=0}^{n} c_k \mu(A_k)$$
$$(c_k \in \boldsymbol{R},\ A_k \in \mathfrak{R},\ \mu(A_k) < \infty) \tag{6}$$

ist unabhängig von der Darstellung der Treppenfunktion aus $\mathcal{E}(\mu_f)$. Es gelte also (4). Wir bilden das System der Minterme $\{S_0, \ldots, S_p\}$ von $\{A_0, \ldots, A_n\}$. Ist wieder $\delta_i(A_k) = 1$ für $S_i \cap A_k \neq \emptyset$, $\delta_i(A_k) = 0$ für $S_i \cap A_k = \emptyset$ ist, so haben wir

$$\chi_{A_k} = \sum_{i=0}^{p} \delta_i(A_k)\, \chi_{S_i} \tag{7}$$

und

$$\mu(A_k) = \sum_{i=0}^{p} \delta_i(A_k)\, \mu(S_i). \tag{8}$$

Wir setzen (7) in (4) ein und erhalten

$$0 = \sum_{k=0}^{n} c_k \sum_{i=0}^{p} \delta_i(A_k)\, \chi_{S_i} = \sum_{i=0}^{p} \left(\sum_{k=0}^{p} \delta_i(A_k)\, c_k \right) \chi_{S_i}.$$

Da aus $S_i = \emptyset$ stets $\delta_i(A_k) = 0$ folgt, kann dies nur bestehen, wenn

$$\sum_{k=0}^{n} \delta_i(A_k)\, c_k = 0 \qquad (i = 0, \ldots, p)$$

ist. Mit (8) folgt

$$\sum_{k=0}^{n} c_k \mu(A_k) = \sum_{k=0}^{n} c_k \sum_{i=0}^{p} \delta_i(A_k)\, \mu(S_i)$$

$$= \sum_{i=0}^{p} \mu(S_i) \sum_{k=0}^{n} \delta_i(A_k) c_k = 0,$$

und (5) ist bewiesen.

Die Linearität von J_f^μ ist offensichtlich. Wählen wir zu $s \geqq 0$ eine Darstellung mit nichtnegativen Koeffizienten, so folgt $J_f^\mu(s) \geqq 0$, und J_f^μ ist positiv. Es bleibt die Stetigkeit von unten oder, was gleichbedeutend ist, die Nullstetigkeit von oben zu beweisen. Es sei $s_n \in \mathscr{E}(\mu_f)$, und es gelte $s_n \downarrow 0$. Für festes $\varepsilon > 0$ sei $B_n := \{s_n > \varepsilon\} \in \mathfrak{R}(\mu_f)$. Wegen $s_n(x) \downarrow 0$ haben wir $B_n \downarrow \emptyset$, und da μ ein Prämaß und $\mu(B_n) < \infty$ ist, folgt $\mu(B_n) \downarrow 0$. Ist K das Maximum von s_0 und $A := \{s_0 > 0\}$, so gilt $A \in \mathfrak{R}(\mu_f)$ und

$$0 \leqq s_n = s_n \chi_{B_n} + s_n\, \chi_{\{s_n \leqq \varepsilon\}} \leqq K \chi_{B_n} + \varepsilon \chi_A,$$

also

$$0 \leqq J_f^\mu(s_n) \leqq K\mu(B_n) + \varepsilon\mu(A).$$

Ein Grenzübergang ergibt

$$0 \leqq \lim_{n\to\infty} J_f^\mu(s_n) \leqq \varepsilon\mu(A) < \infty.$$

Wir hatten $\varepsilon > 0$ beliebig gewählt, und dies besagt $J_f^\mu(s_n) \downarrow 0$. Damit ist Satz 1 bewiesen.

Mit Hilfe der Integrationstheorie ist es jetzt leicht, das endliche Prämaß μ_f zu einem Maß fortzusetzen. Wir konstruieren gemäß 2.3. das vollständige L-Integral

$$J_L^\mu := (J_f^\mu)_L \tag{9}$$

auf dem Vektorverband $L(J_f^\mu)$ und definieren den zugehörigen Maßraum $\big(X, \Re(\mu_L), \mu_L\big)$ gemäß 3.2., Satz 10 und 11. Für $A \in \Re(\mu_f)$ ist $\chi_A \in L(J^\mu)$ und

$$\mu_L(A) = J_L^\mu(\chi_A) = J_f^\mu(\chi_A) = \mu(A),$$

d. h., μ_L ist eine Fortsetzung von μ_f zu einem Maß. Dieses Maß ist vollständig, denn aus $\mu_L(A) = 0$ folgt $\chi_A \in L(J_f^\mu)$, und nach 2.4., Satz 11, gilt $\mu_B \in L(J_f^\mu)$, also $B \in \Re(\mu_L)$ für alle $B \subseteq A$.

Es interessiert nun natürlich die Frage, ob nicht μ_L sogar eine Fortsetzung von μ ist. Ihrer Beantwortung dient

Definition 1: Eine Menge $M \subseteq X$ heißt *σ-endlich* (bezüglich μ), wenn sie durch abzählbar viele Mengen aus $\Re$ mit endlichem Inhalt überdeckt werden kann. Das Prämaß μ heißt *σ-endlich*, wenn jede Menge aus $\Re$ σ-endlich ist. Es heißt total-σ-endlich, wenn die Grundmenge X σ-endlich ist.

Satz 2: *Ist μ σ-endlich, so ist jede Fortsetzung von μ_f zu einem Maß auch eine Fortsetzung von μ.*

Beweis: Es sei $\tilde{\mu}$ eine Fortsetzung von μ_f zu einem Maß auf dem σ-Ring $\tilde{\Re}$. Zu $A \in \Re$ wählen wir eine Überdeckung mit Mengen $B_n \in \Re(\mu_f)$, und setzen $A_n := A \cap (B_0 \cup \cdots \cup B_n)$. Wegen $\mu(A_n) \leqq \mu(B_0) + \cdots + \mu(B_n) < \infty$ ist $A_n \in \Re(\mu_f)$, und es gilt $A_n \uparrow A$, also $A \in \tilde{\Re}$. Unter

Beachtung der Stetigkeit von unten folgt

$$\tilde{\mu}(A) = \lim_{n\to\infty} \tilde{\mu}(A_n) = \lim_{n\to\infty} \mu(A_n) = \mu(A),$$

und Satz 2 ist bewiesen.

Als erstes wichtiges Ergebnis können wir feststellen, daß jedes σ-endliche Prämaß μ zu einem Maß, nämlich zum vollständigen Maß μ_L fortgesetzt werden kann.

Jetzt wollen wir die Mengen $A \in \Re(\mu_L)$ und ihr Maß näher charakterisieren.

Satz 3: *Es ist $A \in \Re(\mu_L)$ genau dann, wenn es zu $\varepsilon > 0$ isotone Folgen von Funktionen $f_n, g_n \in \mathscr{E}(\mu_f)$ mit $g_n \geqq 0$, $J_f^\mu(g_n) \leqq \varepsilon$ und*

$$\chi_A + \lim_{n\to\infty} g_n = \lim_{n\to\infty} f_n \tag{10}$$

gibt, und es gilt dann

$$\mu_L(A) = \lim_{n\to\infty} J_f^\mu(f_n - g_n). \tag{11}$$

Beweis: Es ist $A \in \Re(\mu_L)$ genau dann, wenn es eine isotone Folge von Funktionen $\varphi_n \in L(J_f^\mu)$ mit $\varphi_n \uparrow \chi_A$ gibt. Die Behauptung folgt nun aus 2.3., Satz 4.

Es mag als Mangel empfunden werden, daß wir aus dem Bereich der Mengen in den Bereich der Funktionen ausgewichen sind. Dies läßt sich vermeiden, und zwar durch ein ähnliches Ergänzungsprinzip, wie wir es bei der Konstruktion von $L(J)$ in 2.3. kennengelernt haben.

Satz 4: *Es ist $A \in \Re(\mu_L)$ genau dann, wenn es zu jedem $\varepsilon > 0$ Mengen $B_n, C_n \in \Re(\mu_f)$ mit*

$$A \cup \bigcup_{n=0}^{\infty} C_n = \bigcup_{n=0}^{\infty} B_n \tag{12}$$

und

$$\sum_{n=0}^{\infty} \mu(C_n) \leqq \varepsilon \tag{13}$$

gibt.

Beweis: Zu c mit $0 < c < 1$ wählen wir f_n, g_n gemäß Satz 3 mit $J_f^\mu(g_n) \leqq c\varepsilon$. Mit $f_n \uparrow F$, $g_n \uparrow G$ gilt $\chi_A + G = F$. Es ist

$$A \cup \{G > c\} = \{F > c\},$$

denn ist $F(x) > c$, so ist $\chi_A(x) = 1$ oder $F(x) = G(x) > c$, und ist umgekehrt $\chi_A(x) = 1$ oder $G(x) > c$, so folgt $F(x) \geqq 1 > c$ oder $F(x) = G(x) > c$. Wir stellen $\{F > c\}$ als Vereinigung der Mengen $B_n := \{f_n > c\}$ und $\{G > c\}$ als Vereinigung der disjunkten Mengen

$$C_0 := \{g_0 > c\}, \quad C_{n+1} := \{g_{n+1} > c\} \setminus \{g_n > c\}$$

aus $\mathfrak{R}(\mu_f)$ dar. Dann ist (12) erfüllt. Aus $c\chi_{\{g_n > c\}} \leqq g_n$ folgt $c\mu(\{g_n > c\}) \leqq J_f^\mu(g_n) \leqq c\varepsilon$, also

$$\sum_{k=0}^{n} \mu(C_k) = \mu\left(\bigcup_{k=0}^{n} C_k\right) = \mu(\{g_n > c\}) \leqq \varepsilon,$$

womit auch (13) bewiesen ist.

Es gebe umgekehrt zu jedem $\varepsilon > 0$ Mengen der geforderten Art. Zu jedem k wählen wir Mengen B_{kn}, $C_{kn} \in \mathfrak{R}(\mu_f)$ mit

$$A \cup \bigcup_{n=0}^{\infty} C_{kn} = \bigcup_{n=0}^{\infty} B_{kn}, \quad \sum_{n=0}^{\infty} \mu(C_{kn}) \leqq \frac{1}{2^k}$$

und setzen

$$B := \bigcap_{k=0}^{\infty} \bigcup_{n=0}^{\infty} B_{kn}, \quad C := \bigcap_{k=0}^{\infty} \bigcup_{n=0}^{\infty} C_{kn}.$$

Diese Mengen liegen im σ-Ring $\mathfrak{R}(\mu_L)$, und es ist

$$\mu_L(C) \leqq \mu_L\left(\bigcup_{n=0}^{\infty} C_{kn}\right) \leqq \sum_{n=0}^{\infty} \mu(C_{kn}) \leqq \frac{1}{2^k},$$

also $\mu_L(C) = 0$. Aus

$$A \cup C = \bigcap_{k=0}^{\infty} A \cup \bigcup_{n=0}^{\infty} C_{kn} = \bigcap_{k=0}^{\infty} \bigcup_{n=0}^{\infty} B_{kn} = B$$

folgt $B \setminus A \subseteq C$, und da μ_L vollständig ist, haben wir $B \setminus A \in \mathfrak{R}(\mu_L)$ und $A = B \setminus (B \setminus A) \in \mathfrak{R}(\mu_L)$. Dies beendet den Beweis von Satz 4. Aus ihm folgt sofort, daß jede Menge $A \in \mathfrak{R}(\mu_L)$ σ-endlich bezüglich μ ist.

Um auch das Maß $\mu_L(A)$ einer Menge $A \in \mathfrak{R}(\mu_L)$ unabhängig von der Integrationstheorie angeben zu können, führen wir einen weiteren Begriff ein.

Definition 2: Für alle $M \subseteq X$ heißt

$$\mu^*(M) := \inf\left\{\sum_{k=0}^{\infty} \mu(A_k) : A_k \in \mathfrak{R},\, M \subseteq \bigcup_{k=0}^{\infty} A_k\right\}$$

das (von μ erzeugte) *äußere Maß* der Menge M.

Wenn kein abzählbares System von Mengen $A_k \in \mathfrak{R}$ existiert, das die Menge M überdeckt, ist $\mu^*(M) = \infty$ zu setzen.

Satz 5: *Das von einem Prämaß μ erzeugte äußere Maß besitzt folgende Eigenschaften:*

(a) $\mu^*(\emptyset) = 0$.
(b) *Aus $M \subseteq N$ folgt $\mu^*(M) \leqq \mu^*(N)$ (Isotonie).*
(c) *Aus $M \subseteq \bigcup_{k=0}^{\infty} M_k$ folgt $\mu^*(M) \leqq \sum_{k=0}^{\infty} \mu^*(M_k)$ (σ-Subadditivität).*
(d) *Aus $A \in \mathfrak{R}$ folgt $\mu^*(A) = \mu(A)$.*

Beweis: Die Behauptungen (a) und (b) sind offensichtlich. Die Behauptung (c) ist richtig, wenn $\mu^*(M_k) = \infty$ für ein k ist. Andernfalls wählen wir $A_{kn} \in \mathfrak{R}$ mit

$$M_k \subseteq \bigcup_{n=0}^{\infty} A_{kn}, \quad \sum_{n=0}^{\infty} \mu(A_{kn}) \leqq \mu^*(M_k) + \frac{\varepsilon}{2^{k+1}},$$

was nach Definition von μ^* wegen $\mu^*(M_k) < \infty$ möglich ist. Aus

$$M \subseteq \bigcup_{k=0}^{\infty} M_k \subseteq \bigcup_{k=0}^{\infty} \bigcup_{n=0}^{\infty} A_{kn}$$

folgt

$$\mu^*(M) \leqq \sum_{k=0}^{\infty} \sum_{n=0}^{\infty} \mu(A_{kn}) \leqq \sum_{k=0}^{\infty} \left(\mu^*(M_k) + \frac{\varepsilon}{2^{k+1}} \right)$$

$$= \sum_{k=0}^{\infty} \mu^*(M_k) + \varepsilon .$$

Da $\varepsilon > 0$ beliebig gewählt war, gilt (c). Aus $A, A_k \in \mathfrak{R}$ und $A \subseteq \bigcup_{k=0}^{\infty} A_k$ folgt auf Grund der σ-Subadditivität von Prämaßen stets $\mu(A) \leqq \sum_{k=0}^{\infty} \mu(A_k)$, und folglich ist $\mu(A) \leqq \mu^*(A)$ für $A \in \mathfrak{R}$. Andererseits ist natürlich $A \subseteq A \cup \emptyset \cup \emptyset \ldots$, und aus Definition 2 folgt $\mu^*(A) \leqq \mu(A) + 0 + 0 + \cdots = \mu(A)$. Somit gilt (d), und Satz 5 ist bewiesen.

Das äußere Maß μ^*, d. h., das Funktional

$$\mu^*\colon M \mapsto \mu(M) \qquad (M \subseteq X)$$

ist also eine Fortsetzung des Prämaßes μ. Allerdings ist μ^* im allgemeinen kein Maß.

Satz 6: *Jedes σ-endliche Prämaß auf $\mathfrak{R}$ besitzt für jeden σ-Ring $\tilde{\mathfrak{R}}$ mit $\mathfrak{R} \subseteq \tilde{\mathfrak{R}} \subseteq \mathfrak{R}(\mu_L)$ genau eine Fortsetzung zu einem Maß $\tilde{\mu}$ auf $\tilde{\mathfrak{R}}$, und zwar ist*

$$\tilde{\mu}(A) = \mu^*(A) \qquad (A \in \tilde{\mathfrak{R}}), \tag{14}$$

d. h., $\tilde{\mu}$ ist die Einschränkung von μ^* auf $\tilde{\mathfrak{R}}$.

Beweis: Die Einschränkung $\tilde{\mu}$ von μ_L auf $\tilde{\mathfrak{R}}$ ist ein Maß der geforderten Art, und die Existenz ist bewiesen. Es sei nun $\tilde{\mu}$ eine beliebige Fortsetzung von μ zu einem Maß auf $\tilde{\mathfrak{R}}$. Aus $A \in \tilde{\mathfrak{R}}$, $A \subseteq \bigcup_{n=0}^{\infty} A_n$ mit $A_n \in \mathfrak{R}$ folgt dann

$$\tilde{\mu}(A) \leqq \sum_{n=0}^{\infty} \tilde{\mu}(A_n) = \sum_{n=0}^{\infty} \mu(A_n),$$

und nach Definition von μ^* ist jedenfalls

$$\tilde{\mu}(A) \leqq \mu^*(A).$$

Andererseits können wir zu $A \in \tilde{\mathfrak{R}} \subseteq \mathfrak{R}(\mu_L)$ und zu $\varepsilon > 0$ Mengen B_n, C_n gemäß Satz 4 wählen. Mit

$$A_0 := B_0, \quad A_{n+1} = B_{n+1} \setminus (B_0 \cup \cdots \cup B_n) \tag{15}$$

gilt dann

$$A \subseteq \bigcup_{n=0}^{\infty} B_n = \bigcup_{n=0}^{\infty} A_n,$$

und da die Mengen A_n paarweise disjunkt sind, haben wir

$$\mu^*(A) \leqq \sum_{n=0}^{\infty} \mu(A_n) = \tilde{\mu}\left(\bigcup_{n=0}^{\infty} A_n\right) = \tilde{\mu}\left(A \cup \bigcup_{n=0}^{\infty} C_n\right)$$

$$\leqq \tilde{\mu}(A) + \sum_{n=0}^{\infty} \mu(C_n) \leqq \tilde{\mu}(A) + \varepsilon.$$

Da $\varepsilon > 0$ beliebig gewählt war, folgt auch $\mu^*(A) \leqq \tilde{\mu}(A)$, und Satz 6 ist bewiesen.

Nur ein Spezialfall ist

Satz 7: *Jedes σ-endliche Prämaß μ auf $\mathfrak{R}$ kann auf genau eine Weise zu einem Maß μ_B auf dem von $\mathfrak{R}$ erzeugten σ-Ring*

$$\mathfrak{R}(\mu_B) := r_\sigma(\mathfrak{R})$$

fortgesetzt werden.

Beweis: Wegen $\mathfrak{R} \subseteq \mathfrak{R}(\mu_L)$ gilt $\mathfrak{R} \subseteq r_\sigma(\mathfrak{R}) \subseteq \mathfrak{R}(\mu_L)$, und die Behauptung folgt aus Satz 6.

Wir nennen μ_B das vom σ-endlichen Prämaß μ *erzeugte* BOREL*sche Maß*. Im Gegensatz zu dem „LEBESGUEschen" Maß μ_L ist es im allgemeinen nicht vollständig.

Ist das Prämaß μ sogar total-σ-endlich, d. h., kann X durch abzählbar viele Mengen aus $\mathfrak{R}(\mu_f)$ überdeckt werden, so ist $X \in \mathfrak{R}(\mu_B) \subseteq \mathfrak{R}(\mu_L)$, und $\mathfrak{R}(\mu_B)$, $\mathfrak{R}(\mu_L)$ sind σ-Algebren.

Von CARATHÉODORY stammt eine eigentümliche Definition des Meßbarkeitsbegriffs.

Definition 3: Eine Menge $A \subseteq X$ heißt CARATHÉODORY-meßbar, wenn stets

$$\mu^*(M) = \mu^*(M \cap A) + \mu^*(M \setminus A) \quad (M \subseteq X)$$

ist.

Wir zeigen, daß die in diesem Sinne meßbaren σ-endlichen Mengen gerade die in Satz 4 charakterisierten Mengen sind.

Satz 8: *Für alle Mengen $A \subseteq X$ sind folgende Bedingungen äquivalent.*

(a) *Für alle $M \subseteq X$ ist $\mu^*(M) = \mu^*(M \cap A) + \mu^*(M \setminus A)$*

(b) *Für alle $S \in \mathfrak{R}$ mit $\mu(S) < \infty$ ist $\mu(S) = \mu^*(S \cap A) + \mu^*(S \setminus A)$*

(c) *Für alle $S \in \mathfrak{R}$ mit $\mu(S) < \infty$ ist $S \cap A \in \mathfrak{R}(\mu_L)$.*

Beweis: (a) $\Rightarrow$ (b): Die Behauptung folgt aus $\mu(S) = \mu^*(S)$. (b) $\Rightarrow$ (c): Wir wählen Mengen $B_n, C_n \in \mathfrak{R}(\mu_f)$ mit

$$S \cap A \subseteq \bigcup_{n=0}^{\infty} B_n, \qquad S \setminus A \subseteq \bigcup_{n=0}^{\infty} C_n,$$

$$\left.\begin{aligned} \mu^*(S \cap A) + \frac{\varepsilon}{2} &\geqq \sum_{n=0}^{\infty} \mu(B_n), \\ \mu^*(S \setminus A) + \frac{\varepsilon}{2} &\geqq \sum_{n=0}^{\infty} \mu(C_n), \end{aligned}\right\} \tag{16}$$

wobei wir B_n, C_n auch durch $B_n \cap S$, $C_n \cap S$ ersetzen können. Entsprechend (15) lassen sich die Mengen B_n bzw. C_n auch paarweise disjunkt wählen, ohne daß die Abschätzung (16) hiervon berührt wird. Es sei B bzw. C die Vereinigung der Mengen B_n bzw. C_n. Offensichtlich ist $(S \cap A) \cup (B \cap C) \subseteq B$. Ist umgekehrt $x \in B$, so ist $x \in S \cap A$ oder $x \in S \setminus A \subseteq C$, also $x \in B \cap C$. Daher ist $(S \cap A) \cup (B \cap C) = B$,

$$(S \cap A) \cup \bigcup_{k,n=0}^{\infty} B_k \cap C_n = \bigcup_{n=0}^{\infty} B_n,$$

und nach Satz 4 gilt $S \cap A \in \Re(\mu_L)$, wenn

$$\sum_{k,n=0}^{\infty} \mu(B_k \cap C_n) < \varepsilon$$

ist. Dies folgt aus

$$\begin{aligned} \mu(S) + \sum_{k,n=0}^{\infty} \mu(B_k \cap C_n) &\leqq \mu_L(B \cup C) + \mu_L(B \cap C) \\ &= \mu_L(B) + \mu_L(C) = \sum_{n=0}^{\infty} \mu(B_n) + \sum_{n=0}^{\infty} \mu(C_n) \\ &\leqq \mu^*(S \cap A) + \mu^*(S \setminus A) + \varepsilon = \mu(S) + \varepsilon. \end{aligned}$$

Daher ist $S \cap A \in \Re(\mu_L)$.

(c) $\Rightarrow$ (a): Nehmen wir an, es wäre

$$\mu^*(M) < \mu^*(M \cap A) + \mu^*(M \setminus A).$$

Dann gibt es $S_n \in \Re(\mu_f)$ mit

$$M \subseteq \bigcup_{n=0}^{\infty} S_n,$$

$$\sum_{n=0}^{\infty} \mu(S_n) < \mu^*(M \cap A) + \mu^*(M \setminus A).$$

Wegen $M \cap A \subseteq \bigcup_{n=0}^{\infty} S_n \cap A$, $M \setminus A \subseteq \bigcup_{n=0}^{\infty} S_n \setminus A$ gelangen wir zu dem Widerspruch

$$\begin{aligned} \sum_{n=0}^{\infty} \mu(S_n) &< \sum_{n=0}^{\infty} \big(\mu^*(S_n \cap A) + \mu^*(S_n \setminus A)\big) \\ &= \sum_{n=0} \big(\mu_L(S_n \cap A) + \mu_L(S_n \setminus A)\big) \\ &= \sum_{n=0}^{\infty} \mu(S_n). \end{aligned}$$

Wir haben also stets

$$\begin{aligned}\mu^*(M) &\geqq \mu^*(M \cap A) + \mu^*(M \setminus A)\\ &\geqq \mu^*\big((M \cap A) \cup (M \setminus A)\big) = \mu^*(M),\end{aligned}$$

d. h., es gilt (a).

Satz 9: *Das System $\mathfrak{R}(\mu_C)$ aller* CARATHÉODORY-*meßbaren Mengen bildet eine σ-Algebra und die Einschränkung μ_C von μ^* auf $\mathfrak{R}(\mu_C)$ ist eine Fortsetzung von μ (und von μ_L) zu einem vollständigen Maß.*

Beweis: Es ist $\emptyset \in \mathfrak{R}(\mu_C)$. Wegen $M \setminus A = M \cap \bar{A}$ ist die Bedingung (a) symmetrisch in A und $\bar{A}$, d. h., aus $A \in \mathfrak{R}(\mu_C)$ folgt $\bar{A} \in \mathfrak{R}(\mu_C)$. Es sei $S \in \mathfrak{R}(\mu_f)$ und A die Vereinigung der Mengen $A_n \in \mathfrak{R}(\mu_C)$. Wegen $S \cap A_n \in \mathfrak{R}(\mu_L)$ für alle n liegt auch $S \cap A$ als Vereinigung dieser Mengen in $\mathfrak{R}(\mu_L)$, d. h., es ist $A \in \mathfrak{R}(\mu_C)$, und $\mathfrak{R}(\mu_C)$ ist eine σ-Algebra.

Aus $A \in \mathfrak{R}$ oder $A \in \mathfrak{R}(\mu_L)$ und $S \in \mathfrak{R}(\mu_f)$ folgt $S \cap A \in \mathfrak{R}(\mu_L)$, und nach Satz 8 ist $\mathfrak{R}, \mathfrak{R}(\mu_L) \subseteq \mathfrak{R}(\mu_C)$.

Wir setzen $\mu_C := \mu^* \mid \mathfrak{R}(\mu_C)$. Ist $A \in \mathfrak{R}(\mu_L)$, so gilt $\mu_C(A) = \mu^*(A) = \mu_L(A)$, und μ_C ist eine Fortsetzung von μ_L. Ist $A \in \mathfrak{R}$, aber $A \notin \mathfrak{R}(\mu_L)$, so ist A nicht σ-endlich bezüglich μ, und es folgt $\mu_C(A) = \mu(A) = \infty$. Somit ist μ_C auch eine Fortsetzung von μ.

Es sei A die Vereinigung der paarweise disjunkten Mengen $A_n \in \mathfrak{R}(\mu_C)$. Wegen der Aussage (c) im Satz 5 ist

$$\mu^*(A) \leqq \sum_{n=0}^{\infty} \mu^*(A_n).$$

Für $\mu^*(A) = \infty$ gilt Gleichheit. Ist aber $\mu^*(A) < \infty$, so gibt es Mengen $S_k \in \mathfrak{R}(\mu_f)$, die A, also auch alle A_n überdecken. Wegen der Bedingung (c) in Satz 8 liegen die Mengen A, A_n als Vereinigung der Mengen $A \cap S_k$, $A_n \cap S_k \in \mathfrak{R}(\mu_L)$ in $\mathfrak{R}(\mu_L)$, und es ist

$$\mu_C(A) = \mu_L(A) = \sum_{n=0}^{\infty} \mu_L(A_n) = \sum_{n=0}^{\infty} \mu_C(A_n),$$

d. h., μ_C ist ein Maß.

Aus $A \in \mathfrak{R}(\mu_C)$ und $\mu_C(A) = 0$ folgt $A \in \mathfrak{R}(\mu_L)$. Dann liegt aber auch jede Teilmenge von A in $\mathfrak{R}(\mu_L) \subseteq \mathfrak{R}(\mu_C)$, und μ_C ist vollständig.

Speziell kann unser Satz angewendet werden, um ein gegebenes Maß μ auf einem σ-Ring $\mathfrak{R}$ zu einem vollständigen Maß auf einer σ-Algebra fortzusetzen. In manchen Anwendungen ist aber $\mathfrak{R}(\mu_C)$ zu groß, und man verwendet besser

Satz 10: *Es sei $(X, \mathfrak{R}, \mu)$ ein Maßraum. Dann bildet das System $\tilde{\mathfrak{R}}$ aller Mengen $A \cup N$, wobei $A \in \mathfrak{R}$ und N Teilmenge einer Menge $B \in \mathfrak{R}$ mit $\mu(B) = 0$ ist, einen σ-Ring, und durch*

$$\tilde{\mu}(A \cup N) := \mu(A) \tag{17}$$

wird eine Fortsetzung von μ zu einem vollständigen Maß $\tilde{\mu}$ auf $\tilde{\mathfrak{R}}$ definiert.

Beweis: Offensichtlich ist $\emptyset \in \tilde{\mathfrak{R}}$. Es sei $A_1 \cup N_1$, $A_2 \cup N_2 \in \tilde{\mathfrak{R}}$. Wir wählen $B_1, B_2 \in \mathfrak{R}$ mit $\mu(B_i) = 0$ und $N_i \subseteq B_i$ $(i = 1, 2)$ und setzen $C := (A_1 \cup N_1) \setminus (A_2 \cup N_2)$ und $A := A_1 \setminus (A_2 \cup B_2)$. Es ist $A \in \mathfrak{R}$. Wegen $A_1 \subseteq A_1 \cup N_1$ und $A_2 \cup B_2 \supseteq A_2 \cup N_2$ ist $A \subseteq C$. Aus $x \in C \setminus A$ folgt $x \in N_1$ oder $x \in B_2$, d. h., es ist $N := C \setminus A \subseteq B_1 \cup B_2$ und damit $C = A \cup N \in \tilde{\mathfrak{R}}$. Daher ist $\tilde{\mathfrak{R}}$ gegenuber der Differenzbildung abgeschlossen.

Es seien schließlich $A_k \cup N_k$ abzählbar viele Mengen aus $\tilde{\mathfrak{R}}$. Wieder bestimmen wir $B_k \in \mathfrak{R}$ mit $\mu(B_k) = 0$ und $N_k \subseteq B_k$. Sind A, B, N die Vereinigungen der Mengen A_k, B_k, N_k so gilt $\mu(B) \leqq \sum_{k=0}^{\infty} \mu(B_k) = 0$ und $N \subseteq B$. Daher liegt die Vereinigung $A \cup N$ der Mengen $A_k \cup N_k$ in $\tilde{\mathfrak{R}}$, und $\tilde{\mathfrak{R}}$ ist ein σ-Ring. Aus $N \subseteq B \in \mathfrak{R}$ und $\mu(B) = 0$ folgt $N \in \mathfrak{R}(\mu_L) \subseteq \mathfrak{R}(\mu_C)$. Daher ist $\tilde{\mathfrak{R}} \subseteq \mathfrak{R}(\mu_C)$, und die Einschränkung $\tilde{\mu}$ von μ_C auf $\tilde{\mathfrak{R}}$ ist ein vollständiges Maß mit $\mu(A) = \tilde{\mu}(A) \leqq \tilde{\mu}(A \cup N) \leqq \tilde{\mu}(A) + \tilde{\mu}(N) = \mu(A)$, also mit (17).

Aus dem Beweisgang erkennt man auch leicht, daß $\tilde{\mathfrak{R}} \supseteq \mathfrak{R}$ der kleinste σ-Ring ist, auf dem eine Fortsetzung von μ zu einem vollständigen Maß definiert werden kann, und daß $\tilde{\mu}$ die einzige Fortsetzung von μ auf $\tilde{\mathfrak{R}}$ ist. Man nennt $\tilde{\mu}$ die *Vervollständigung* des Maßes μ.

6.4. Maßräume und Integrationsräume

In diesem Abschnitt sei $(X, \mathfrak{R}, \mu)$ stets ein σ-endlicher Maßraum, d. h., $\mathfrak{R}$ sei ein σ-Ring und μ ein σ-endliches Maß auf $\mathfrak{R}$. Wir wollen weitere Beziehungen zur Integrationstheorie untersuchen.

Satz 1: *Es gibt genau einen Integrationsraum* $\left(X, L(\mu), J^{\mu}\right)$ *mit folgenden Eigenschaften:*

(a) *Für alle* $A \in \mathfrak{R}$ *mit* $\mu(A) < \infty$ *ist* $\chi_A \in L(\mu)$ *und*

$$J^{\mu}(\chi_A) = \mu(A). \tag{1}$$

(b) *Jede Funktion aus* $L(\mu)$ *ist* $\mathfrak{R}$*-meßbar.*

Beweis: Es existiere ein Integrationsraum $\left(X, L(\mu), J^{\mu}\right)$ mit den geforderten Eigenschaften, und es sei f eine nichtnegative Funktion aus $L(\mu)$. Wegen (b) kann f als Grenzwert einer isotonen Folge nichtnegativer Treppenfunktionen über $\mathfrak{R}$ dargestellt werden. Gehen wir zur Differenzenfolge über und stellen die Differenzen als Linearkombinationen von Funktionen χ_A mit $A \in \mathfrak{R}$ und mit nichtnegativen Koeffizienten dar, so erhalten wir eine Darstellung der Form

$$f = \sum_{k=0}^{\infty} c_k \chi_{A_k} \qquad (c_k \geqq 0,\ A_k \in \mathfrak{R}). \tag{2}$$

Wegen der σ-Endlichkeit und (a) ist jede Funktion χ_{A_k} Grenzwert einer Folge von Funktionen aus $L(\mu)$. Da sogar $0 \leqq c_k \chi_{A_k} \leqq f \in L(\mu)$ gilt, haben wir $\mu(A_k) < \infty$ und

$$J^{\mu}(f) = \sum_{k=0}^{\infty} c_k \mu(A_k) \qquad \left(f \in L(\mu)\right). \tag{3}$$

Kann umgekehrt eine endliche Funktion f in der Form (2) dargestellt werden, und ist die rechts in (3) stehende Summe endlich, so ist f Grenzwert einer LEVI-Folge, nämlich der Folge der Partialsummen, und es ist $f \in L(\mu)$. Das System der nichtnegativen Funktionen aus $L(\mu)$ kann also ebenso wie das Integral dieser Funktionen vollständig durch $\mathfrak{R}$ und μ charakterisiert werden, und die Einzigkeit ist bewiesen.

Der Beweis der Existenz kann direkt geführt werden, doch läßt er sich unter Heranziehung von 5.3., Satz 9, wesentlich vereinfachen. Wir bilden die minimale Fortsetzung des Integrals J_f^μ auf $\mathscr{E}(\mu_f)$ zum BORELschen Integral $J^\mu := (J_f^\mu)_B$ auf dem Vektorverband $L(\mu) := B(J_f^\mu)$. Offensichtlich ist (a) erfüllt. Alle Funktionen aus $L(\mu)$ liegen in dem kleinsten meßbaren System $\mathscr{M}$, das $\mathscr{E}(\mu_f)$ umfaßt. Da alle Funktionen aus $\mathscr{E}(\mu_f)$ $\mathfrak{R}$-meßbar sind, ist $\mathscr{M}$ und damit $L(\mu)$ im System der $\mathfrak{R}$-meßbaren Funktionen enthalten. Hiermit ist Satz 1 bewiesen.

Wir haben die allgemein übliche Bezeichnung $L(\mu)$ übernommen, obwohl $B(\mu)$ im Rahmen unseres Aufbaus eine konsequentere Bezeichnung wäre. Wir nennen $(X, L(\mu), J^\mu)$ den vom σ-endlichen Prämaß μ *erzeugten Integrationsraum* und J^μ das von μ *erzeugte* BOREL*sche Integral*. Die Funktionen aus $L(\mu)$ nennen wir auch *μ-integrierbar* und schreiben

$$\int f \, d\mu = \int f(x) \, d\mu(x) := J^\mu(f). \tag{4}$$

Aus dem Beweis von Satz 1 entnehmen wir noch, daß jede $\mathfrak{R}$-meßbare Funktion Grenzwert einer Folge von Funktionen aus $L(\mu)$, also $L(\mu)$-meßbar ist. Umgekehrt folgt aus (b), daß jede $L(\mu)$-meßbare Funktion auch $\mathfrak{R}$-meßbar ist. Wir brauchen also in den von einem Maß erzeugten Integrationsräumen nicht mehr zwischen den in 2.4. bzw. 5.3. eingeführten Meßbarkeitsbegriffen zu unterscheiden. Speziell folgt hieraus, daß mit f, g auch die Funktionen $|f|^p (p > 0)$ $f \cdot g$ und $f \cap 1$ meßbar sind.

Wir geben jetzt ein Kriterium dafür, daß ein Integrationsraum $(X, \mathscr{L}, J)$ im oben genannten Sinne von einem Maßraum erzeugt wird.

Satz 2: *Ein Integrationsraum $(X, \mathcal{L}, J)$ wird von einem σ-endlichen Maßraum $(X, \mathfrak{R}, \mu)$ erzeugt genau dann, wenn mit jeder Funktion f auch $f \cap 1$ integrierbar ist.*

Beweis: Wird $(X, \mathcal{L}, J)$ von $(X, \mathfrak{R}, \mu)$ erzeugt, so ist mit f auch $f \cap 1$ meßbar. Ist f sogar integrierbar, so gilt dies wegen $0 \leqq |f \cap 1| \leqq |f|$ auch für $f \cap 1$.

Ist umgekehrt $(X, \mathcal{L}, J)$ ein Integrationsraum mit $f \cap 1 \in \mathcal{L}$ für alle $f \in \mathcal{L}$, so bilden wir gemäß 3.2., Satz 10 und 11, den Maßraum $(X, \mathfrak{R}, \mu)$ mit $\mathfrak{R} = \mathfrak{R}(\mathcal{L})$ und $\mu = \mu^J$. Offensichtlich ist die Bedingung (a) von Satz 1 erfüllt.

Wir zeigen, daß jede Funktion f aus $\mathcal{L}$ $\mathfrak{R}$-meßbar ist. Für $a > 0$ ist $f \cap a = a\left(\dfrac{f}{a} \cap 1\right) \in \mathcal{L}$. Die Folge der integrierbaren Funktionen $f_n := (n\,|f|) \cap 1$ strebt gegen die charakteristische Funktion der Trägermenge von f, und folglich liegt jede Trägermenge einer integrierbaren Funktion in $\mathfrak{R}$. Für alle $a > 0$ und $f \in \mathcal{L}_+$ ist daher $\{f > a\} = \{f - f \cap a > 0\} \in \mathfrak{R}$, und f ist $\mathfrak{R}$-meßbar.

Es bleibt nur noch zu zeigen, daß μ σ-endlich ist. Zu $A \in \mathfrak{R}$ gibt es auf Grund von 2.4., Satz 10, eine Funktion $f \in \mathcal{L}_+$ mit $A = \{f > 0\}$. Da f $\mathfrak{R}$-meßbar ist, können wir f in der Form (2) darstellen. Dann ist A die Vereinigung der Mengen A_k. Wegen $c_k \chi_{A_k} \leqq f$ ist $\mu(A_k) = J(\chi_{A_k}) < \infty$, und A ist σ-endlich.

Auf Grund des hiermit bewiesenen Satzes kann die Theorie der σ-endlichen Maßräume im wesentlichen mit der Theorie der Integrationsräume, die der genannten Zusatzbedingung genügen, identifiziert werden. Die Bedeutung des Kriteriums wurde von M. H. Stone erkannt. Wir wollen daher einen Integrationsraum, in dem mit f auch $f \cap 1$ integrierbar ist, einen *Stoneschen Integrationsraum* nennen. Es ist vielfach üblich geworden, in solchen Integrationsräumen einfach $\mu(f)$ statt $J(f)$ zu schreiben, wenn μ das Maß μ^J ist.

Satz 3: *Ein σ-endlicher Maßraum ist vollständig genau dann, wenn der erzeugte Integrationsraum vollständig ist.*

Beweis: Ist $(X, L(\mu), J^\mu)$ vollständig, so folgt leicht aus 2.4., Satz 11, daß auch μ vollständig ist. Ist $(X, \mathfrak{R}, \mu)$ vollständig, $f \in L(\mu)$ und $J^\mu(|f|) = 0$, so ist $\{f \neq 0\}$ eine Menge vom Maße Null, und für jede Funktion g mit $0 \leqq g \leqq |f|$ und für $a \geqq 0$ ist $\{g > a\} \subseteq \{f \neq 0\}$, d. h., g ist meßbar, wegen $0 \leqq g \leqq |f|$ sogar integrierbar.

6.5. Radonsche Maße und Stieltjes-Integrale

In diesem Abschnitt betrachten wir Maße auf der σ-Algebra der BORELschen Mengen des Raumes $\boldsymbol{R}^n$.

Definition 1: Ein Maß μ auf der σ-Algebra der BORELschen Mengen des Raumes $\boldsymbol{R}^n$ heißt ein (positives) RADON*sches Maß* im Raum $\boldsymbol{R}^n$, wenn $\mu(A)$ für alle beschränkten BORELschen Mengen A endlich ist.

Den Zusatz „positiv“ lassen wir vorläufig fort, da er erst bedeutungsvoll wird, wenn wir „signierte“ Maße betrachten.

Ein RADONsches Maß heißt *stetig*, wenn alle Einermengen das Maß Null besitzen. Dieser Begriff darf nicht mit anderen Stetigkeitsbegriffen (z. B. mit der Stetigkeit von unten) verwechselt werden.

Jede BORELsche Menge T, deren Komplementärmenge das Maß Null besitzt, heißt eine *Trägermenge* des RADONschen Maßes. In der Tat ist stets $\mu(A) = \mu(A \cap T) + \mu(A \setminus T) = \mu(A \cap T)$, d. h., nur die in T liegenden Punkte von A tragen zum Maß von A etwas bei. Ein RADONsches Maß heißt *diskret*, wenn es eine höchstens abzählbare Trägermenge T besitzt. Ist T etwa die Vereinigung der Einermengen $\{x_n\}$, so gilt

$$\mu(A) = \mu(A \cap T) = \sum_{x_n \in A} \mu(\{x_n\}),$$

wobei nur die Punkte x_n mit $\mu(\{x_n\}) > 0$ von Bedeutung sind.

Satz 1: *Für jedes* RADON*sche Maß μ ist die Menge $D(\mu)$ der Punkte x, für die das Maß der Einermenge $\{x\}$ positiv ist, höchstens abzählbar.*

Beweis: Wir wählen beschränkte Intervalle $I_k \in \boldsymbol{R}^n$ ($k \in \boldsymbol{N}$) mit $I_k \uparrow \boldsymbol{R}^n$. Ferner sei D_k die Menge der Punkte $x \in I_k$ mit $\mu(\{x\}) \geqq k^{-1}$. Für verschiedene Punkte $x_0, \ldots, x_p \in D_k$ ist

$$\mu(I_k) \geqq \mu(\{x_0, \ldots, x_p\}) = \sum_{i=0}^{p} \mu(\{x_i\}) \geqq p \cdot \frac{1}{k},$$

d. h., es ist $p \leqq k\mu(I_k) < \infty$, und die Menge D_k ist endlich. Zu $x \in D(\mu)$ gibt es ein k mit $x \in I_k$ und mit $\mu(\{x\}) \geqq k^{-1}$, also mit $x \in D_k$. Daher ist $D(\mu)$ als Vereinigung der abzählbar vielen endlichen Mengen D_k abzählbar.

Satz 2: *Für alle* Radon*schen Maße μ wird durch*

$$\mu_S(A) := \mu\big(A \setminus D(\mu)\big)$$

ein stetiges und durch

$$\mu_D(A) := \mu\big(A \cap D(\mu)\big)$$

ein diskretes Maß definiert, und es ist

$$\mu = \mu_S + \mu_D. \tag{1}$$

Beweis: Offensichtlich sind μ_S, μ_D Maße, und es gilt (1). Aus $x \in D(\mu)$ folgt $\mu_S(\{x\}) = \mu(\emptyset) = 0$, aus $x \notin D(\mu)$ dagegen $\mu_S(\{x\}) = \mu(\{x\}) = 0$. Somit ist μ_S stetig. Ferner ist $\mu_D\big(\overline{D(\mu)}\big) = \mu(\emptyset) = 0$, und die höchstens abzählbare Menge $D(\mu)$ ist eine Trägermenge von μ_D, d. h., das Maß μ_D ist diskret.

Die Radonschen Maße im Raum $\boldsymbol{R}$ können mit Hilfe gewisser monotoner Funktionen charakterisiert werden.

Definition 2: Eine reelle Funktion G heißt eine *Verteilungsfunktion* eines Radonschen Maßes μ im Raum $\boldsymbol{R}$, wenn

$$\mu\big([a, b)\big) = G(b) - G(a) \qquad (a \leqq b) \tag{2}$$

ist. Die Funktion G heißt auf Null bzw. auf $-\infty$ *normiert*, wenn

$$G(0) = 0 \tag{3}$$

bzw.

$$\lim_{x \to -\infty} G(x) = 0 \tag{4}$$

ist.

Daß wir in (2) rechts offene Intervalle gewählt haben, stellt eine gewisse Willkür dar. Wie wir bald sehen werden, bewirkt dies, daß G linksseitig stetig ist. Hätten wir dagegen links offene Intervalle gewählt, so ergäbe sich, daß G rechtsseitig stetig ist.

Satz 3: *Eine Funktion G ist eine Verteilungsfunktion eines RADONschen Maßes genau dann, wenn sie folgende Eigenschaften besitzt:*

(a) *G ist isoton.*

(b) *G ist linksseitig stetig.*

Beweis: Es sei G Verteilungsfunktion eines RADONschen Maßes. Für $a \leqq b$ ist $G(b) - G(a) \geqq 0$ wegen (2), und G ist isoton. Aus $x \uparrow b$ folgt $[x, b) \downarrow \emptyset$, und aus der bedingten Stetigkeit eines Maßes von oben folgt $\mu\big([x, b)\big) \downarrow 0$, d. h., es ist

$$G(b) - G(b-0) = G(b) - \lim_{x \uparrow b} G(x) = \lim_{x \uparrow b} \big(G(b) - G(x)\big)$$
$$= \lim_{x \uparrow b} \mu\big([x, b)\big) = 0,$$

und G ist linksseitig stetig.

Die Funktion G besitze umgekehrt die Eigenschaften (a), (b). Gemäß 6.1. (8) definieren wir eine additive Mengenfunktion $\mu = m_G$ auf dem Semiring der halboffenen Intervalle $[a, b)$ durch

$$\mu\big([a, b)\big) := G(b) - G(a) \tag{5}$$

und zeigen, daß μ ein Prämaß erzeugt. Hierzu haben wir auf Grund von 6.2., Satz 3, zu zeigen, daß aus $[a, b) \subseteq \bigcup_{n=0}^{\infty} [a_n, b_n)$ stets

$$G(b) - G(a) \leqq \sum_{n=0}^{\infty} \big(G(b_n) - G(a_n)\big) \tag{6}$$

folgt. Es sei $\varepsilon > 0$ vorgegeben. Wir wählen ein b' mit $a < b' < b$ und $G(b) - G(b') < \frac{\varepsilon}{2}$, was wegen der linksseitigen Stetigkeit möglich ist. Ferner wählen wir $a_n' < a_n$ mit

$$G(a_n) - G(a_n') < \frac{\varepsilon}{2^{n+2}}.$$

Dann ist

$$[a, b'] \subseteq \bigcup_{n=0}^{\infty} [a_n, b_n) \subseteq \bigcup_{n=0}^{\infty} (a_n', b_n),$$

und nach dem Überdeckungssatz von HEINE-BOREL gibt es eine natürliche Zahl p mit

$$[a, b') \subseteq [a, b'] \subseteq \bigcup_{n=0}^{p} (a_n', b_n) \subseteq \bigcup_{n=0}^{p} [a_n', b_n).$$

Es folgt

$$G(b') - G(a) \leqq \sum_{n=0}^{p} G(b_n) - G(a_n') \leqq \sum_{n=0}^{\infty} \big(G(b_n) - G(a_n')\big),$$

$$\begin{aligned} G(b) - G(a) &\leqq G(b) - G(b') + \sum_{n=0}^{\infty} \big(G(a_n) - G(a_n')\big) \\ &\quad + \sum_{n=0}^{\infty} \big(G(b_n) - G(a_n)\big) \\ &\leqq \frac{\varepsilon}{2} + \sum_{n=0}^{\infty} \frac{\varepsilon}{2^{n+2}} + \sum_{n=0}^{\infty} \big(G(b_n) - G(a_n)\big) \\ &= \varepsilon + \sum_{n=0}^{\infty} \big(G(b_n) - G(a_n)\big). \end{aligned}$$

Da $\varepsilon > 0$ beliebig gewählt war, ist (6) bewiesen, und μ ist ein Prämaß. Es kann zu einem Maß auf der σ-Algebra $\mathfrak{B}(\boldsymbol{R})$ fortgesetzt werden. Bezeichnen wir es der Einfachheit halber wieder $\mu = m_G$, so gilt nach wie vor (2), d. h., G ist Verteilungsfunktion von m_G, und Satz 3 ist bewiesen.

Satz 4: *Jedes* RADONsche *Maß* μ *im Raum* $\boldsymbol{R}$ *besitzt genau eine auf Null normierte Verteilungsfunktion* G_0, *und G ist genau dann eine Verteilungsfunktion von μ, wenn $G - G_0$ eine konstante Funktion ist. Jedes endliche* RADON*sche Maß besitzt genau eine auf $-\infty$ normierte Verteilungsfunktion.*

Beweis: Wir setzen

$$G_0(x) := \begin{cases} \mu([0, x)) & \text{für} \quad x \geqq 0, \\ -\mu([-x, 0)) & \text{für} \quad x < 0. \end{cases} \tag{7}$$

Man sieht leicht, daß (2), (3) erfüllt sind, und G_0 ist eine auf Null normierte Verteilungsfunktion. Für alle $C \in \boldsymbol{R}$ erfüllt auch G mit $G(x) := G_0(x) + C$ die Bedingung (2). Erfüllt umgekehrt G die Bedingung (2), so ist stets

$$G(x) - G(0) = G_0(x) - G_0(0) = G_0(x),$$

also $G(x) = G_0(x) + G(0)$.

Ist μ endlich, so setzen wir

$$G(x) := G_0(x) + C$$

mit

$$C = \mu((-\infty, 0)) = \lim_{n \to \infty} \mu([-n, 0)) = -\lim_{n \to \infty} G_0(-n).$$

Es folgt

$$\lim_{n \to \infty} G(-n) = \lim_{n \to \infty} G_0(-n) + C = 0,$$

und da G isoton ist, gilt (4).

Die Einzigkeit der beiden normierten Maße ist offensichtlich, und Satz 4 ist bewiesen.

Wegen $[a, x) \downarrow \{a\}$ für $x \downarrow a$ haben wir

$$\lim_{x \downarrow a} (G(x) - G(a)) = \lim_{x \downarrow a} \mu([a, x)),$$

$$G(a + 0) - G(a) = \mu(\{a\}), \tag{8}$$

und es folgt

Satz 5: *Ein* RADONsches *Maß* μ *im Raum* $\mathbf{R}$ *ist stetig genau dann, wenn es eine stetige Verteilungsfunktion besitzt.*

Beweis: Ist μ stetig, so folgt aus (8), daß G auch rechtsseitig stetig und damit stetig schlechthin ist. Umgekehrt ist mit G wegen (8) auch μ stetig. Damit ist Satz 5 bewiesen.

Für ein diskretes RADONsches Maß μ gilt wegen (8)

$$G(b) - G(a) = \mu\big([a, b)\big) = \mu\big([a, b) \cap D(\mu)\big),$$

$$G(b) - G(a) = \sum_{\substack{a \leq x < b \\ x \in D(\mu)}} \big(G(x + 0) - G(x)\big), \tag{9}$$

und die Funktion G ist, von einer Konstanten abgesehen, vollständig durch ihre (rechtsseitigen) Sprünge charakterisiert. Sie heißt deshalb auch eine *Sprungfunktion.*

Die Summe G zweier Verteilungsfunktionen G_1, G_2 ist wieder eine Verteilungsfunktion. Wegen (2) gilt für die zugehörigen Maße

$$m_G = m_{G_1} + m_{G_2} \qquad (G = G_1 + G_2).$$

Sind also G, G_S und G_D Verteilungsfunktionen der Maße μ, μ_S und μ_D, so ist

$$G = G_S + G_D, \tag{10}$$

und jede Verteilungsfunktion kann als Summe einer stetigen Verteilungsfunktion und einer Sprungfunktion dargestellt werden.

Es sei G die Verteilungsfunktion des RADONschen Maßes $\mu = m_G$. Dann setzen wir

$$\int_{-\infty}^{\infty} f(x)\,\mathrm{d}G(x) := \int f\,\mathrm{d}\mu \qquad \big(f \in L(\mu)\big) \tag{11}$$

und nennen diese Zahl das LEBESGUE-STIELTJES-*Integral* der Funktion f bezüglich der Verteilungsfunktion G. Wir können hier nur kurz auf die Theorie der STIELTJES-Integrale eingehen. Wie für das LEBESGUEsche Integral sei

$$\int_a^b f(x)\,\mathrm{d}G(x) := \int f\chi_{[a,b]}\,\mathrm{d}\mu. \tag{12}$$

Hieraus folgt

$$\int_a^a f(x)\,\mathrm{d}G(x) = \int f\chi_{\{a\}}\,\mathrm{d}\mu = f(a)\int \chi_{\{a\}}\,\mathrm{d}\mu = f(a)\,\mu(\{a\}),$$

$$\int_a^a f(x)\,\mathrm{d}G(x) = f(a)\big(G(a+0) - G(a)\big), \tag{13}$$

und dies ist nicht notwendig gleich Null. Wir müssen also im Gegensatz zum LEBESGUEschen Integral bei unstetigen Verteilungsfunktionen streng zwischen den Integralen über $[a, b]$ und $[a, b)$ unterscheiden. Wir setzen daher noch

$$\int_a^{b-0} f(x)\,\mathrm{d}G(x) := \int f\chi_{[a,b)}\,\mathrm{d}\mu, \tag{14}$$

so daß

$$\int_a^b f(x)\,\mathrm{d}G(x) = \int_a^{b-0} f(x)\,\mathrm{d}G(x) + f(b)\big(G(b+0) - G(b)\big) \tag{15}$$

ist. Ist G stetig oder nur stetig in b, so entfällt der Unterschied zwischen (12) und (14).

Um eine gewisse Vorstellung von STIELTJES-Integralen zu erzielen, beweisen wir

Satz 6: *Es sei G eine Verteilungsfunktion eines* RADONschen *Maßes μ im Raum $\boldsymbol{R}$. Dann ist jede auf $\boldsymbol{R}$ stetige Funktion über jedes beschränkte Intervall $[a, b)$ μ-integrierbar. Zu jedem $\varepsilon > 0$ gibt es ein $\delta > 0$ derart, daß für jede Zerlegung*

$$Z\colon a = x_0 < x_1 < \cdots < x_n = b$$

des Intervalls mit $x_k - x_{k-1} < \delta$ *für* $k = 1, \ldots, n$ *und für jede Wahl der Punkte* ξ_k *mit*

$$x_{k-1} \leqq \xi_k \leqq x_k \qquad (k = 1, \ldots, n)$$

die Abschätzung

$$\left| \int_a^{b-0} f(x)\, \mathrm{d}G(x) - \sum_{k=1}^{n} f(\xi_k) \big(G(x_k) - G(x_{k-1})\big) \right| < \varepsilon \tag{16}$$

erfüllt ist.

Beweis: Die Funktion $f\chi_{[a,b)}$ ist BOREL-meßbar, und es gibt ein K mit $|f\chi_{[a,b)}| \leqq K\chi_{[a,b)}$. Daher ist f über $[a, b)$ μ-integrierbar. Zu $\varepsilon > 0$ gibt es wegen der gleichmäßigen Stetigkeit von f auf $[a, b]$ ein $\delta > 0$ mit

$$|f(x) - f(x')| < \varepsilon' := \frac{\varepsilon}{G(b) - G(a) + 1} \quad \text{für } x, x' \in [a, b],$$
$$|x - x'| < \delta.$$

Wählen wir Z derart, daß stets $x_k - x_{k-1} < \delta$ ist, so folgt

$$\left| \int_a^{b-0} f(x)\, \mathrm{d}G(x) - \sum_{k=0}^{n} f(\xi_k) \big(G(x_k) - G(x_{k-1})\big) \right|$$
$$\leqq \sum_{k=1}^{n} \left| \int_{x_{k-1}}^{x_k - 0} \big(f - f(\xi_k)\big)\, \mathrm{d}\mu \right|$$
$$\leqq \varepsilon' \sum_{k=1}^{n} \int_{x_{k-1}}^{x_k - 0} \mathrm{d}\mu = \varepsilon' \mu\big([a, b)\big) < \varepsilon,$$

und Satz 6 ist bewiesen.

Dieser Satz zeigt, daß das LEBESGUE-STIELTJES-Integral einer stetigen Funktion über ein Intervall $[a, b)$ in ganz ähnlicher Weise berechnet werden kann, wie das RIEMANNsche Integral. Man hat nur die Differenzen $x_k - x_{k-1}$ durch $G(x_k) - G(x_{k-1})$ zu ersetzen.

Ist die Verteilungsfunktion G sogar stetig differenzierbar, so ist für stetige Funktionen f stets

$$\int_a^b f(x)\,\mathrm{d}G(x) = \int_a^b f(x)\,G'(x)\,\mathrm{d}x. \tag{17}$$

In der Tat ist $G(x_k) - G(x_{k-1}) = G'(\xi_k)\,(x_k - x_{k-1})$, und wählen wir diese ξ_k in Satz 6, so erkennen wir, daß das STIELTJES-Integral durch eine RIEMANNsche Zwischensumme für die Funktion $f(x)\,G'(x)$ approximiert wird. Hieraus folgt (17). Man nennt die Funktion G' dann eine *Dichtefunktion* der Verteilungsfunktion G bzw. des RADONschen Maßes $\mu = m_G$. Wir kommen hierauf später noch einmal zurück.

Der folgende Satz über die *Darstellung linearer Funktionale im Raum* $C_0(\boldsymbol{R})$ ist für viele Anwendungen von großer Bedeutung.

Satz 7: *Zu jedem positiven linearen Funktional J im Raum $C_0(\boldsymbol{R})$ gibt es eine bis auf eine additive Konstante eindeutig bestimmte linksseitig stetige isotone Funktion G mit*

$$J(f) = \int_{-\infty}^{\infty} f(x)\,\mathrm{d}G(x) \quad \big(f \in C_0(\boldsymbol{R})\big). \tag{18}$$

Umgekehrt wird durch (18) *für jede linksseitig stetige isotone Funktion G ein positives lineares Funktional im Raum $C_0(\boldsymbol{R})$ definiert.*

Beweis: Es sei J ein positives lineares Funktional auf $C_0(\boldsymbol{R})$, und es gelte $f_n \in C_0(\boldsymbol{R})$, $f_n \downarrow 0$. Wir wählen ein kompaktes Intervall I mit $f_0(x) = 0$ für $x \notin I$ und eine nichtnegative Funktion $g \in C_0(\boldsymbol{R})$ mit $g(x) = 1$ für $x \in I$. Ist y_n das Maximum der Funktion f_n, so gilt $f_n \leqq y_n g$ und $J(f_n) \leqq y_n J(g)$. Nach 2.1., Satz 1, haben wir $y_n \downarrow 0$, und es folgt $J(f_n) \downarrow 0$. Somit ist J ein Integral. Gemäß 5.3., Satz 9, bilden wir das von J erzeugte BORELsche Integral. Da mit f auch $f \cap 1$ BOREL-meßbar ist, wird es gemäß 6.4., Satz 2, von einem Maß μ auf der σ-Algebra der BORELschen Mengen erzeugt. Zu jedem beschränkten Intervall I

gibt es eine Funktion $f \in C_0(\boldsymbol{R})$ mit $|f| \leqq 1$ und $\chi_I \leqq f$, und es folgt $\mu(I) \leqq J(f) < \infty$. Daher ist μ ein RADONsches Maß. Ist G eine Verteilungsfunktion von μ, so haben wir

$$J(f) = \int f \,\mathrm{d}\mu = \int_{-\infty}^{\infty} f(x)\,\mathrm{d}G(x) \qquad \bigl(f \in C_0(\boldsymbol{R})\bigr), \quad (19)$$

und der erste Teil des Satzes ist bewiesen.

Es sei umgekehrt G eine linksseitig stetige isotone Funktion und $\mu = m_G$. Zu jeder Funktion $f \in C_0(\boldsymbol{R})$ gibt es reelle Zahlen K, a, b mit $|f| \leqq K\chi_{[a,b)}$, und folglich ist $C_0(\boldsymbol{R}) \subseteq L(\mu)$, so daß durch

$$J(f) := \int f \,\mathrm{d}\mu \qquad \bigl(f \in C_0(\boldsymbol{R})\bigr)$$

ein positives lineares Funktional definiert wird. Damit ist Satz 7 bewiesen.

Beachten wir noch Satz 4, so erkennen wir, daß folgende Mengen einander umkehrbar eindeutig zugeordnet werden können:

(a) Die Menge aller Maße auf der σ-Algebra der BORELschen Mengen des Raumes $\boldsymbol{R}$, die auf beschränkten Mengen endlich sind.

(b) Die Menge aller auf Null normierten Verteilungsfunktionen.

(c) Die Menge aller positiven linearen Funktionale im Raum $C_0(\boldsymbol{R})$.

Die Zuordnung ist durch (19) vollständig charakterisiert. Auf Grund dieses Sachverhalts ist es üblich geworden, die positiven linearen Funktionale im Faum $C_0(\boldsymbol{R})$ selbst als (positive) RADONsche Maße zu bezeichnen.

Ein wichtiges Beispiel für ein RADONsches Maß ist das sogenannte DIRAC-*Maß* δ_a im Raum $\boldsymbol{R}$. Es ist durch

$$\delta_a(A) := \begin{cases} 1 \text{ für } a \in A \\ 0 \text{ für } a \notin A \end{cases}$$

bestimmt, und hat als Verteilungsfunktion die HEAVYSIDE-*Funktion* θ_a mit

$$\theta_a(x) := \begin{cases} 0 \text{ für } x \leqq a \\ 1 \text{ für } x > a. \end{cases}$$

Das zugeordnete lineare Funktional J ist demzufolge durch

$$J(f) = \int_{-\infty}^{\infty} f(x) \, d\theta(x) = \int f \, d\delta_a = \int f \chi_{\{a\}} \, d\delta_a$$

$$= f(a) \int \chi_{\{a\}} \, d\delta_a = f(a) \, \delta_a(\{a\}),$$

also durch

$$J(f) = f(a) \qquad \big(f \in C_0(\boldsymbol{R})\big) \tag{19}$$

gegeben.

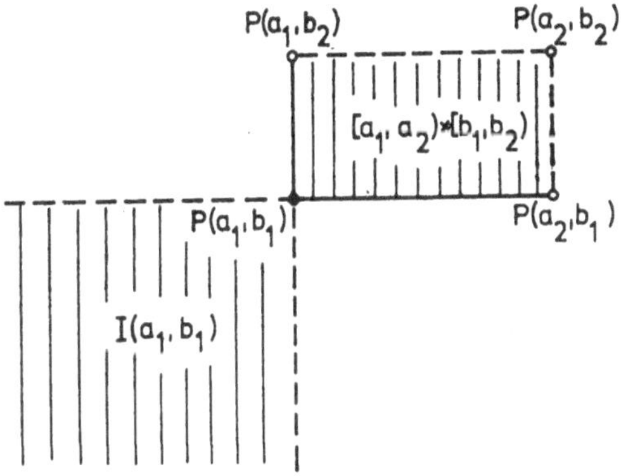

Abb. 14

Auch den RADONschen Maßen im Raum $\boldsymbol{R}^n$ können Verteilungsfunktionen zugeordnet werden. Wir wollen dies nur für den Fall endlicher Maße μ andeuten. Es sei

$$I(x_1, \ldots, x_n) := (-\infty, x_1) \times \cdots \times (-\infty, x_n), \tag{20}$$

$$G(x_1, \ldots, x_n) := \mu\big(I(x_1, \ldots, x_n)\big). \tag{21}$$

Die charakteristische Funktion des Intervalls $[a_1, b_1) \times \cdots \times [a_n, b_n)$ kann als Linearkombination der charakteristischen Funktionen von Intervallen des Typs (20) mit den Koeffizienten ± 1 dargestellt werden. So ist z. B.

$$\chi_{[a_1,a_2)\times[b_1,b_2)} = \chi_{I(a_2,b_2)} - \chi_{I(a_2,b_1)} - \chi_{I(a_1,b_2)} + \chi_{I(a_1,b_1)}$$

(Abb. 14), und Integration bezüglich μ ergibt

$$\mu\big([a_1, a_2)\times[b_1, b_2)\big) = G(a_2, b_2) - G(a_2, b_1) - G(a_1, b_2) + G(a_1, b_1). \tag{22}$$

Ähnliche Formeln alternierenden Charakters gewinnt man für mehrdimensionale Verteilungsfunktionen.

6.6. Produktmaße und Produktintegrale

In diesem Abschnitt soll zwei gegebenen Maßen ein Produktmaß zugeordnet werden. Die Vermutung liegt nahe, daß ein Maß existiert, das dem Mengenprodukt zweier Mengen aus den gegebenen σ-Ringen das Produkt ihrer Maße zuordnet.

Satz 1: *Zu zwei σ-endlichen Maßräumen $(X, \mathfrak{A}, \mu)$, $(Y, \mathfrak{B}, \nu)$ gibt es genau ein Produktmaß $\mu\times\nu$ auf dem vom Mengensystem*

$$\mathfrak{A}\otimes\mathfrak{B} := \{A\times B : A\in\mathfrak{A}, B\in\mathfrak{B}\} \tag{1}$$

erzeugten σ-Ring $\mathfrak{R}(\mu\times\nu) := r_\sigma(\mathfrak{A}\otimes\mathfrak{B})$ mit

$$\mu\times\nu(A\times B) = \mu(A)\cdot\nu(B) \quad (A\in\mathfrak{A}, B\in\mathfrak{B}). \tag{2}$$

Beweis: Als erstes soll nachgewiesen werden, daß $\mathfrak{A}\otimes\mathfrak{B}$ ein Semiring ist. Mit Hilfe der Identität

$$\chi_{A\times B}(x, y) = \chi_A(x)\,\chi_B(y) \quad (x\in X, y\in Y)$$

beweist man leicht, daß

$$(A \times B) \cap (A' \times B') = (A \cap A') \times (B \cap B'),$$
$$(A \times B) \setminus (A' \times B') =$$
$$[(A \cap A') \times (B \setminus B')] \cup [(A \setminus A') \times B]$$

ist (Abb. 15). Die in eckigen Klammern stehenden Mengen sind disjunkt, und folglich ist $\mathfrak{A} \otimes \mathfrak{B}$ ein Semiring. Auf $\mathfrak{A} \otimes \mathfrak{B}$ definieren wir durch

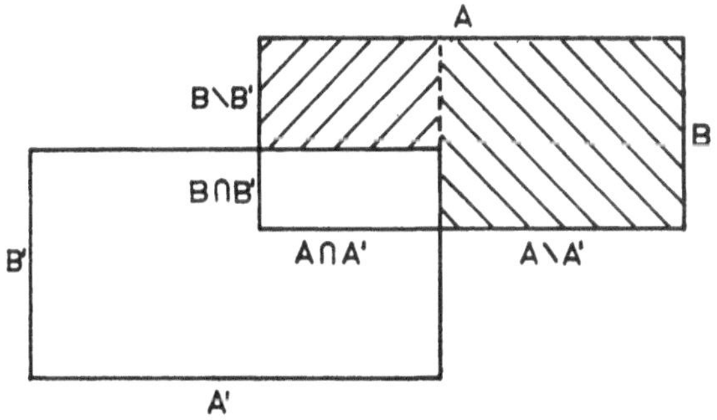

Abb. 15

$$\lambda(A \times B) := \mu(A)\, \nu(B) \qquad (A \in \mathfrak{A},\, B \in \mathfrak{B})$$

ein Funktional und prüfen, ob hierfür die Implikation 6.1. (7) erfüllt ist. Es sei also

$$\chi_{A \times B} = \sum_{k=0}^{n} \chi_{A_k \times B_k} \qquad (A, A_k \in \mathfrak{A};\, B, B_k \in \mathfrak{B})$$

oder

$$\chi_A(x)\, \chi_B(y) = \sum_{k=0}^{n} \chi_{A_k}(x)\, \chi_{B_k}(y).$$

Integrieren wir nacheinander über x, y, so erhalten wir

$$\mu(A)\, \nu(B) = \sum_{k=0}^{n} \mu(A_k)\, \nu(B_k),$$

$$\lambda(A \times B) = \sum_{k=0}^{n} \lambda(A_k \times B_k).$$

Nach dem Satz in 6.1. kann λ auf genau eine Weise zu einem Inhalt $\tilde{\lambda}$ auf dem von $\mathfrak{A} \otimes \mathfrak{B}$ erzeugten Ring fortgesetzt werden. Dieser Inhalt ist ein Prämaß genau dann, wenn λ σ-subadditiv ist. Es gelte

$$A \times B \subseteq \bigcup_{k=0}^{\infty} A_k \times B_k \quad (A, A_k \in \mathfrak{A}, B, B_k \in \mathfrak{B}),$$

d. h., es sei

$$\chi_A(x)\, \chi_B(y) \leqq \sum_{k=0}^{\infty} \chi_{A_k}(x)\, \chi_{B_k}(y).$$

Wiederum durch iterierte Integration folgt hieraus

$$\lambda(A \times B) \leqq \sum_{k=0}^{\infty} \lambda(A_k \times B_k),$$

und folglich ist $\tilde{\lambda}$ ein Prämaß. Es ist σ-endlich, denn zu $A \times B \in \mathfrak{A} \otimes \mathfrak{B}$ gibt es Mengen A_n, B_n mit endlichem Inhalt und $A_n \uparrow A$, $B_n \uparrow B$, also mit $\lambda(A_n \times B_n) < \infty$ und $A_n \times B_n \uparrow A \times B$. Somit kann λ auf genau eine Weise zu einem Maß $\mu \times \nu$ auf dem σ-Ring $r_\sigma(\mathfrak{A} \otimes \mathfrak{B})$ fortgesetzt werden. Damit ist Satz 1 bewiesen.

Die Voraussetzung der σ-Endlichkeit kann entfallen, wenn nur die Existenz des Produktmaßes gezeigt werden soll. Man beweist dies etwa dadurch, daß man $\mu \times \nu$ auf dem von den Mengen $A \times B$ mit $\mu(A)$, $\nu(B) < \infty$ erzeugten σ-Ring wie oben definiert und anschließend auf die restlichen Elemente des σ-Ringes $r_\sigma(\mathfrak{A} \otimes \mathfrak{B})$ in geeigneter Weise fortgesetzt. Wegen $\infty \cdot 0 = 0$ hat man hierbei den σ-Ring, der von den Elementen $A \times B$ mit $\mu(A) = 0$ bzw. $\nu(B) = 0$ und nicht σ-endlichem B bzw. A erzeugt wird, gesondert zu behandeln, da $\mu \times \nu$ auf diesen Elementen den Wert Null annehmen muß. Wir gehen hierauf nicht näher ein.

Das Produktmaß einer Menge $C \in r_\sigma(\mathfrak{A} \otimes \mathfrak{B})$ kann durch iterierte Integration berechnet werden. Dies kann mit Hilfe des Satzes von FUBINI bewiesen werden, doch lassen sich die dort getroffenen Feststellungen insoweit verschärfen, als der Zusatz „f. ü." in einigen Fällen fortgelassen werden kann.

Satz 2: *Es seien* $(X, \mathfrak{A}, \mu)$, $(Y, \mathfrak{B}, \nu)$ *σ-endliche Maßräume. Ist* f *eine nichtnegative* $\mathfrak{R}(\mu \times \nu)$*-meßbare Funktion, so gilt: Für alle* $y \in Y$ *ist die Funktion* $x \mapsto f(x, y)$ $\mathfrak{A}$*-meßbar, die Funktion* $y \mapsto \int f(x, y)\, \mathrm{d}\mu(x)$ *ist* $\mathfrak{B}$*-meßbar, und es ist*

$$\int f(x, y)\, \mathrm{d}(\mu \times \nu)\,(x, y) = \int \int f(x, y)\, \mathrm{d}\mu(x)\, \mathrm{d}\nu(y). \qquad (3)$$

Analoge Aussagen gelten für die umgekehrte Reihenfolge der Integrationen.

Beweis: Es sei $\mathfrak{C}$ das System aller Mengen C aus $r_\sigma(\mathfrak{A} \otimes \mathfrak{B})$ mit folgenden Eigenschaften:

(a) Für alle $y \in Y$ ist $x \mapsto \chi_C(x, y)$ $\mathfrak{A}$-meßbar.

(b) Für alle $A \in \mathfrak{A}$ ist $y \mapsto \int_A \chi_C(x, y)\, \mathrm{d}\mu(x)$ $\mathfrak{B}$-meßbar.

Man kann leicht direkt nachprüfen, daß $\mathfrak{A} \otimes \mathfrak{B} \subseteq \mathfrak{C}$ ist. Sind $C_0, \ldots, C_n$ paarweise disjunkte Mengen aus $\mathfrak{C}$ mit der Vereinigungsmenge C, also mit

$$\chi_C = \chi_{C_0} + \cdots + \chi_{C_n},$$

so gilt auch $C \in \mathfrak{C}$. Da der Ring $r(\mathfrak{A} \otimes \mathfrak{B})$ aus allen Vereinigungen paarweise disjunkter Mengen aus dem Semiring $\mathfrak{A} \otimes \mathfrak{B}$ besteht, haben wir $r(\mathfrak{A} \otimes \mathfrak{B}) \subseteq \mathfrak{C}$ nachgewiesen.

Als nächstes zeigen wir, daß $\mathfrak{C}$ ein monotones System ist. Aus $C_n \in \mathfrak{C}$ und $C_n \uparrow C$ folgt wegen

$$\lim_{n \to \infty} \int_A \chi_{C_n}(x, y)\, \mathrm{d}\mu(x) = \int_A \chi_C(x, y)\, \mathrm{d}\mu(x) \qquad (4)$$

sofort, daß (a) und (b) erfüllt sind, d. h., es gilt $C \in \mathfrak{C}$. Im Falle $C_n \in \mathfrak{C}$ und $C_n \downarrow C$ gilt (4) nur für den Fall

$\mu(A) < \infty$, denn dann sind die Integrale endlich, und (4) folgt aus 2.4., Satz 1. Die Funktion

$$\varphi_A(y) := \int_A \chi_C(x, y) \, d\mu(x)$$

ist also für $\mu(A) < \infty$ $\mathfrak{B}$-meßbar. Da zu $A \in \mathfrak{A}$ stets Mengen A_n mit $\mu(A_n) < \infty$ und $A_n \uparrow A$ existieren, ist φ_A für alle $A \in \mathfrak{A}$ $\mathfrak{B}$-meßbar.

Damit ist $\mathfrak{C}$ als monotones System bestätigt. Es umfaßt den Ring $r(\mathfrak{A} \otimes \mathfrak{B})$, und aus 5.2., Satz 1, folgt, daß $\mathfrak{C}$ auch den von $r(\mathfrak{A} \otimes \mathfrak{B})$ erzeugten σ-Ring umfaßt. Dies besagt aber, daß $\mathfrak{C} = r_\sigma(\mathfrak{A} \otimes \mathfrak{B})$ ist.

Nun überlegen wir uns, daß zu $C \in r_\sigma(\mathfrak{A} \otimes \mathfrak{B})$ ein $A \in \mathfrak{A}$ mit $\chi_A(x) \, \chi_C(x, y) = \chi_C(x, y)$ existiert. Man sieht nämlich sofort, daß das System aller Elemente $C \in r_\sigma$ $(\mathfrak{A} \otimes \mathfrak{B})$ mit dieser Eigenschaft einen σ-Ring bildet, der $\mathfrak{A} \otimes \mathfrak{B}$ umfaßt. Für alle $C \in r_\sigma(\mathfrak{A} \otimes \mathfrak{B})$ gibt es also ein $A \in \mathfrak{A}$ mit

$$\int_A \chi_C(x, y) \, d\mu(x) = \int \chi_C(x, y) \, d\mu(x),$$

und die Definition

$$\lambda(C) := \int \int \chi_C(x, y) \, d\mu(x) \, d\nu(y) \qquad \big(C \in r_\sigma(\mathfrak{A} \otimes \mathfrak{B})\big) \tag{5}$$

ist sinnvoll. Man bestätigt mühelos, daß λ ein Maß mit $\lambda(A \times B) = \mu(A) \, \nu(B)$ ist, und wegen der Eindeutigkeit des Produktmaßes ist $\lambda = \mu \times \nu$. Jede $(\mu \times \nu)$-meßbare Funktion $f \geqq 0$ kann in der Form

$$f = \sum_{k=0}^{\infty} c_k \chi_{C_k} \qquad \big(c_k \geqq 0, \; C_k \in \mathfrak{R}(\mu \times \nu)\big)$$

dargestellt werden. Die im Satz genannten Aussagen über die Meßbarkeit sind für f erfüllt, und es ist

$$\int f \, d\lambda = \sum_{k=0}^{\infty} c_k \lambda(C_k) = \sum_{k=0}^{\infty} c_k \int \int \chi_{C_k}(x, y) \, d\mu(x) \, d\nu(y)$$
$$= \int \int f(x, y) \, d\mu(x) \, d\nu(y).$$

Damit ist Satz 2 bewiesen.

Ist f eine beliebige $\mathfrak{R}(\mu \times \nu)$-meßbare Funktion, deren $\mu \times \nu$-Integral existiert, so gelten die Aussagen dieses Satzes jedenfalls für die Funktionen f^+ und f^-. Wenigstens eine dieser Funktionen besitzt ein endliches Integral. Ist etwa $\int f^- \, d\mu \times \nu$ endlich, so ist $\int f^-(x, y) \, d\mu(x) < \infty$ für fast alle $y \in Y$. Daher existiert $\int f(x, y) \, d\mu(x) = \int f^+(x, y) \, d\mu(x) - \int f^-(x, y) \, d\mu(x)$ wenigstens fast überall, und die Aussagen des Satzes bleiben bei Vernachlässigung von Mengen vom Maße Null auch für solche Funktionen f gültig.

Die Sätze 1 und 2 können sinngemäß auf den Fall endlich vieler Maßräume $(X_0, \mathfrak{R}_0, \mu_0), \ldots, (X_n, \mathfrak{R}_n, \mu_n)$ ausgedehnt werden. Es gibt genau ein Maß $\mu_0 \times \cdots \times \mu_n$ auf dem σ-Ring $\mathfrak{R}(\mu_0 \times \cdots \times \mu_n) = r_\sigma(\mathfrak{R}_0 \otimes \cdots \otimes \mathfrak{R}_n)$ mit

$$\mu_0 \times \cdots \times \mu_n(A_0 \times \cdots \times A_n) = \mu_0(A_0) \cdots \mu_n(A_n) \qquad (A_k \in \mathfrak{R}_k), \tag{6}$$

und für alle C aus diesem σ-Ring ist

$$\mu_0 \times \cdots \times \mu_n(C) = \int \cdots \int \chi_C(x_0, \ldots, x_n) \, d\mu_0(x_0) \cdots d\mu_n(x_n). \tag{7}$$

Der Beweis kann übergangen werden, da in ihm keinerlei neue Gesichtspunkte auftreten. Unter einer zusätzlichen Voraussetzung ist es sogar möglich, den Satz auf unendlich viele Maßräume zu übertragen. Wir beschränken uns auf den abzählbaren Fall.

Satz 3: *Es seien $(X_k, \mathfrak{R}_k, \mu_k)$ abzählbar unendlich viele Maßräume mit $X_k \in \mathfrak{R}_k$ und*

$$\mu_k(X_k) = 1 \qquad (k \in \boldsymbol{N}),$$

und $\mathfrak{R}$ sei der von allen Mengen der Form

$$A = A_0 \times \cdots \times A_n \times X_{n+1} \times X_{n+2} \times \cdots \tag{8}$$

mit $A_k \in \mathfrak{R}_k$ für $k = 0, \ldots, n$ erzeugte σ-Ring im Produktraum

$$X := X_0 \times X_1 \times \cdots.$$

Dann gibt es genau ein Maß μ auf $\mathfrak{R}$ mit

$$\mu(A) = \mu_0(A_0) \cdots \mu_n(A_n). \tag{9}$$

Beweis: Mit $\mathcal{E}_n$ bezeichnen wir das System aller Funktionen $f: X \to \boldsymbol{R}$ mit folgenden Eigenschaften.

(a) Der Funktionswert $f(x_0, x_1, \ldots)$ hängt nicht von den Variablen $x_{n+1}, x_{n+2}, \ldots$ ab.

(b) Die Funktion $f^{(n)}: (x_0, \ldots, x_n) \mapsto f(x_0, x_1, \ldots)$ liegt in $L(\mu_0 \times \cdots \times \mu_n)$.

Offensichtlich gilt $\mathcal{E}_0 \subseteq \mathcal{E}_1 \subseteq \cdots$. Wir setzen $\mathcal{E} = \bigcup_{n=0}^{\infty} \mathcal{E}_n$. Aus $f, g \in \mathcal{E}$ und $\lambda \in \boldsymbol{R}$ folgt $\lambda f, f + g, |f| \in \mathcal{E}$, und folglich ist $\mathcal{E}$ ein Vektorverband. Für $f \in \mathcal{E}$ setzen wir

$$J(f) := \int \cdots \int f(x_0, x_1, \ldots)\, \mathrm{d}\mu(x_0) \cdots \mathrm{d}\mu_n(x_n) \qquad (f \in \mathcal{E}_n).$$

Diese Definition hängt nicht von der Wahl der Zahl n mit $f \in \mathcal{E}_n$ ab, denn eine Fortsetzung der Integrationen über n hinaus liefert wegen $\int \mathrm{d}\mu_k = 1$ keine Veränderung mehr. Wir dürfen daher einfach

$$J(f) = \int\int \cdots f(x_0, x_1, \ldots)\, \mathrm{d}\mu_0(x_0)\, \mathrm{d}\mu_1(x_1) \cdots$$

schreiben, wobei die Integrationen mindestens bis zur kleinsten Zahl n mit $f \in \mathcal{E}_n$ auszuführen sind. Ganz analog definieren wir für $f \in \mathcal{E}$ die Funktionen $f^{(k)}: X_0 \times \cdots \times X_k \to \boldsymbol{R}$ durch

$$f^{(k)}(x_0, \ldots, x_k) := \int\int \cdots f(x_0, x_1, \ldots)\, \mathrm{d}\mu_{k+1}(x_{k+1})\, \mathrm{d}\mu_{k+2}(x_{k+2}) \cdots.$$

Jede Funktion $f^{(k)}$ liegt in $L(\mu_0 \times \cdots \times \mu_k)$, und es ist

$$\int f^{(0)}(x_0)\, \mathrm{d}\mu_0(x_0) = J(f), \tag{10}$$

$$\int f^{(k+1)}(x_0, \ldots, x_{k+1}) \mathrm{d}\mu_{k+1}(x_{k+1}) = f^{(k)}(x_0, \ldots, x_k). \tag{11}$$

Ferner ist stets

$$f^{(k)}(x_0, \ldots, x_k) = f(x_0, x_1, \ldots) \quad (f \in \mathscr{E}_k), \tag{12}$$

denn die Integrationen über die Variablen $x_{k+1}, x_{k+2}, \ldots$ haben keine Wirkung.

Offensichtlich ist J ein positives lineares Funktional auf $\mathscr{E}$. Wir beweisen die Nullstetigkeit. Es gelte $f_n \in \mathscr{E}$ und $f_n \downarrow 0$. Die Folgen $\big(J(f_n)\big)$ sowie $(f_n^{(k)})$ sind für jedes k in n antiton, und es existiert ein $a \geqq 0$ sowie Funktionen $g_k \in L(\mu_0 \times \cdots \times \mu_k)$ mit $J(f_n) \downarrow a$, $f_n^{(k)} \downarrow g_k$. Aus (10), (11) folgt

$$a = \lim_{n\to\infty} \int f_n^{(0)}(x_0)\,\mathrm{d}\mu_0(x_0) = \int g_0(x_0)\,\mathrm{d}\mu_0(x_0),$$

$$g_k(x_0, \ldots, x_n) = \lim_{n\to\infty} \int f_n^{(k+1)}(x_0, \ldots, x_{k+1})\,\mathrm{d}\mu_{k+1}(x_{k+1})$$

$$= \int g_{k+1}(x_0, \ldots, x_{k+1})\,\mathrm{d}\mu_{k+1}(x_{k+1}).$$

Zu vorgegebenem $\varepsilon > 0$ konstruieren wir induktiv Elemente $a_m \in X_m$ wie folgt. Wegen

$$\int \big(g_0(x_0) + \varepsilon\big)\,\mathrm{d}\mu_0(x_0) = a + \varepsilon > a$$

können wir ein $a_0 \in X_0$ mit $g_0(a_0) + \varepsilon > a$ wählen. Es sei $a_0, \ldots, a_m$ mit $g_m(a_0, \ldots, a_m) + \varepsilon > a$ schon gewählt. Wegen

$$\int \big(g_{m+1}(a_0, \ldots, a_m, x_{m+1}) + \varepsilon\big)\,\mathrm{d}\mu_{m+1}(x_{m+1}) >$$

$$g_m(a_0, \ldots, a_m) + \varepsilon > a$$

gibt es ein $a_{m+1} \in X_{m+1}$ mit $g_{m+1}(a_0, \ldots, a_{m+1}) + \varepsilon > a$.

Damit ist (a_n) induktiv definiert, und für alle n ist $g_n(a_0, \ldots, a_n) + \varepsilon > a$. Zu jedem n gibt es eine $k(n)$ mit $f_n \in \mathscr{E}_{k(n)}$. Wegen $g_{k(n)} \leqq f_n^{(k(n))}$ und (12) folgt

$$0 \leqq a \leqq g_{k(n)}(a_0, \ldots, a_{k(n)}) + \varepsilon \leqq f_n^{(k(n))}(a_0, \ldots, a_{k(n)}) + \varepsilon$$

$$= f_n(a_0, a_1, \ldots) + \varepsilon,$$

und da $f_n \downarrow 0$ gilt, haben wir $0 \leqq a \leqq \varepsilon$. Wir hatten aber $\varepsilon > 0$ beliebig gewählt, und folglich ist $a = 0$, d. h., es gilt $J(f_n) \downarrow 0$. Somit ist J ein Integral, das zu einem L-Integral auf $L(J)$ fortgesetzt werden kann. Es sei $\mathfrak{R}'$ der σ-Ring der $L(J)$-meßbaren Mengen und μ' das durch J_L erzeugte Maß. Aus (8) folgt $\chi_A \in \mathscr{E}_n \subseteq \mathscr{E} \subseteq L(J)$, und folglich ist $\mathfrak{R} \subseteq \mathfrak{R}'$. Ferner ist

$$\mu_0(A_0) \cdots \mu_n(A_n) = \int\int \cdots \chi_{A_0 \times A_1 \times \cdots} \, d\mu_0 \, d\mu_1 \cdots$$
$$= \mu'(A), = J(\chi_A)$$

und die Einschränkung von μ' auf $\mathfrak{R}$ erfüllt die Forderungen.

Zum Beweis der Einzigkeit sei $\mathfrak{R}^{(n)}$ der von den Elementen (8) mit festem n erzeugte σ-Ring. Auf Grund der für endliche Produkte bewiesenen Sätze gibt es genau ein Maß $\mu^{(n)}$ auf $\mathfrak{R}^{(n)}$ mit $\mu^{(n)}(A) = \mu(A)$ für $A \in \mathfrak{R}^{(n)}$. Es sei

$$A = A_0 \times A_1 \times \cdots \in \mathfrak{R}.$$

Mit

$$A^{(n)} := A_0 \times \cdots \times A_n \times X_{n+1} \times X_{n+2} \times \cdots$$

gilt $A^{(n)} \in \mathfrak{R}^{(n)}$ und $A^{(n)} \downarrow A$. Auf Grund der Endlichkeit von μ ist

$$\mu(A) = \lim_{n\to\infty} \mu(A^{(n)}) = \lim_{n\to\infty} \mu^{(n)}(A^{(n)}),$$

und μ ist eindeutig bestimmt.

7. Transformation von Maßen und Integralen

7.1. Dichtefunktionen

Der Begriff der Dichtefunktion ist bereits in 6.5. aufgetreten. Er soll jetzt allgemeiner behandelt werden. In diesem Abschnitt sei μ ein σ-endliches Maß auf einer σ-

Algebra $\mathfrak{A}$ in X. Aus 2.4., Satz 9, schließen wir, daß für jede nichtnegative $\mathfrak{A}$-meßbare Funktion g durch

$$\nu(A) := \int_A g \, \mathrm{d}\mu \qquad (A \in \mathfrak{A}) \tag{1}$$

ein neues Maß auf $\mathfrak{A}$ definiert wird. Um zu sichern, daß auch ν wieder σ-endlich ist, stellen wir eine zusätzliche Bedingung.

Definition 1: Eine $\mathfrak{A}$-meßbare Funktion $g \geqq 0$ heißt eine *Dichtefunktion* bezüglich μ, wenn es Mengen $A_n \in \mathfrak{A}$ mit $A_n \uparrow X$ und $\int_{A_n} g \, \mathrm{d}\mu < \infty$ gibt.

Für jede Dichtefunktion g ist das auf $\mathfrak{A}$ definierte Maß (1) σ-endlich. Wir bezeichnen es mit $g\mu$, so daß stets

$$g\mu(A) = \int_A g \, \mathrm{d}\mu \qquad (A \in \mathfrak{A}) \tag{2}$$

ist. Genauer nennen wir g eine *Dichtefunktion von* ν (bezüglich μ), wenn $\nu = g\mu$ ist. Der folgende Satz zeigt, daß Dichtefunktionen eines Maßes ν, wenn sie existieren, im wesentlichen eindeutig bestimmt sind.

Satz 1: *Sind g, h Dichtefunktionen eines σ-endlichen Maßes ν, so ist $g = h$ μ-f. ü.*

Beweis: Für $B := \{g > h\}$ und $\nu(A) < \infty$ ist

$$\int_{A \cap B} (g - h) \, \mathrm{d}\mu = \int_{A \cap B} g \, \mathrm{d}\mu - \int_{A \cap B} h \, \mathrm{d}\mu = 0,$$

und hieraus folgt $g \leqq h$ f. ü., ebenso auch $h \leqq g$ f. ü. Wenn man wieder Funktionen identifiziert, die sich nur in einer Menge vom Maße Null unterscheiden, können wir also von *der* Dichtefunktion eines Maßes sprechen (falls sie überhaupt existiert).

Satz 2: *Ist g eine Dichtefunktion, so ist*

$$\int fg \, \mathrm{d}\mu = \int f \, \mathrm{d}(g\mu) \tag{3}$$

für alle nichtnegativen $\mathfrak{A}$-meßbaren Funktionen f.

Beweis: Für $A \in \mathfrak{A}$ und $\nu = g\mu$ ist

$$\int \chi_A g \, \mathrm{d}\mu = \int_A g \, \mathrm{d}\mu = g\mu(A) = \int \chi_A \, \mathrm{d}\nu,$$

und die Behauptung gilt für $f = \chi_A$. Sie ist dann auch für alle nichtnegativen Treppenfunktionen s über $\mathfrak{A}$ erfüllt. Da aus $s_n \uparrow f$ auch $s_n g \uparrow fg$ folgt, gilt sie für alle $\mathfrak{A}$-meßbaren Funktionen $f \geqq 0$.

Die Verallgemeinerung von Satz 2 auf $\mathfrak{A}$-meßbare Funktionen f ist möglich, wenn eines der Integrale (3) mit f^+, f^- statt f endlich ist.

Die Rechenregel (3) nimmt eine von der klassischen Integralrechnung her bekannte Gestalt an, wenn man die (bis auf eine Menge vom Maße Null bestimmte) Dichtefunktion g des Maßes $\nu = g\mu$ mit $\frac{\mathrm{d}\nu}{\mathrm{d}\mu}$ bezeichnet. Sie lautet dann nämlich

$$\int f \frac{\mathrm{d}\nu}{\mathrm{d}\mu} \, \mathrm{d}\mu = \int f \, \mathrm{d}\nu \tag{4}$$

und ist in dieser Form besonders einprägsam.

Der folgende Begriff weist formal große Ähnlichkeit mit dem Begriff der gleichmäßigen Stetigkeit auf.

Definition 2: Ein Maß ν heißt absolut-stetig bez. μ, wenn es zu jeder Menge A mit $\nu(A) < \infty$ und zu jedem $\varepsilon > 0$ ein $\delta > 0$ mit $\nu(B) < \varepsilon$ für alle $B \subseteq A$ mit $\mu(B) < \delta$ gibt.

Satz 3: *Besitzt ν eine Dichtefunktion g, so ist ν absolut-stetig bezüglich μ.*

Beweis: Es sei $\varepsilon > 0$ vorgegeben und $\nu(A) < \infty$. Wegen

$$\lim_{n\to\infty} \int_A g \cap n \, \mathrm{d}\mu = \int_A g \, \mathrm{d}\mu$$

gibt es ein k mit $\int_A g \, \mathrm{d}\mu - \int_A g \cap k \, \mathrm{d}\mu < \frac{\varepsilon}{2}$.

Wir setzen $\delta := \frac{\varepsilon}{2k}$. Für alle $B \subseteq A$ mit $\mu(B) < \delta$ ist

$$\nu(B) = \int_B g \, d\mu \leqq \int_B g \cap k \, d\mu + \int_A (g - g \cap k) \, d\mu$$

$$\leqq k\mu(B) + \frac{\varepsilon}{2} < \varepsilon,$$

und Satz 3 ist bewiesen.

Satz 4: *Es sei ν ein σ-endliches, bezüglich μ absolut-stetiges Maß. Dann folgt aus $\mu(B) = 0$ stets $\nu(B) = 0$.*

Beweis: Es sei $\mu(B) = 0$. Wir wählen A_n mit $\nu(A_n) < \infty$ und $A_n \uparrow X$. Für alle $\varepsilon > 0$ ist $\nu(A_n \cap B) < \varepsilon$, denn es ist $\mu(A_n \cap B) = 0$. Somit ist $\nu(A_n \cap B) = 0$, also auch $\nu(B) = 0$.

Im letzten Teil dieses Abschnittes betrachteten wir Beziehungen zwischen folgenden Aussagen.

(a) Das Maß ν besitzt eine Dichtefunktion bezüglich μ.

(b) Das Maß ν ist absolut-stetig bezüglich μ.

(c) Aus $\mu(B) = 0$ folgt $\nu(B) = 0$.

In den Sätzen 3 und 4 wurden die Implikationen (a) $\Rightarrow$ (b), (b) $\Rightarrow$ (c) bewiesen. Der *Satz von* Radon-Nikodym, den wir in 7.4. behandeln werden, besagt, daß auch die Implikation (c) $\Rightarrow$ (a) erfüllt ist. Somit sind alle drei Aussagen äquivalent.

7.2. Verpflanzung von Maßen und Integralen

Ist T eine Transformation, die einen Raum X in einen Raum Y abbildet, so wird bekanntlich für jede Funktion $g: Y \to \boldsymbol{R}^a$ durch

$$g \circ T : x \mapsto g(T(x)) \qquad (x \in X) \tag{1}$$

die zusammengesetzte Funktion $g \circ T$ (gelesen: g nach T) definiert (Abb. 16). Ist

$$T^{-1}(B) := \{x \in X : T(x) \in B\} \qquad (B \subseteq Y) \qquad (2)$$

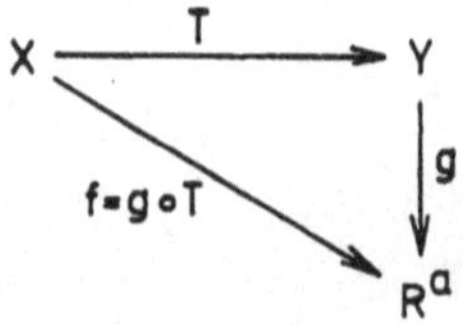

Abb. 16

das *volle Urbild* einer Menge $B \subseteq Y$, so gilt die merkwürdige Relation

$$\chi_{T^{-1}(B)} = \chi_B \circ T \qquad (B \subseteq Y). \qquad (3)$$

In der Tat nimmt $\chi_B \circ T$ nur die Werte 0,1 an, und es ist $\chi_B(T(x)) = 1$ genau dann, wenn $T(x) \in B$, also $x \in T^{-1}(B)$ ist.

Ist $\mathfrak{B}$ ein Mengensystem in Y, so definieren wir durch

$$T^{-1}(\mathfrak{B}) := \{T^{-1}(B) : B \in \mathfrak{B}\} \qquad (4)$$

ein Mengensystem in X. Umgekehrt definieren wir für jedes Mengensystem $\mathfrak{A}$ in X durch

$$T^*(\mathfrak{A}) := \{B : T^{-1}(B) \in \mathfrak{A}\} \qquad (5)$$

ein Mengensystem in Y. Ist die Transformation T sogar umkehrbar eindeutig, so gilt $A = T^{-1}(B)$ genau dann, wenn $T(A) = B$ ist. In diesem speziellen Fall ist

$$T^*(\mathfrak{A}) = \{T(A) : A \in \mathfrak{A}\}. \qquad (6)$$

Satz 1: *Es sei T eine Transformation von X in Y. Ist $\mathfrak{B}$ ein σ-Ring in Y, so ist $T^{-1}(\mathfrak{B})$ ein σ-Ring in X. Ist $\mathfrak{A}$ ein σ-Ring in X, so ist $T^*(\mathfrak{A})$ ein σ-Ring in Y.*

Beweis: Die Behauptungen ergeben sich aus den Identitäten

$$T^{-1}(\emptyset) = \emptyset, \tag{7}$$

$$T^{-1}(B \setminus B') = T^{-1}(B) \setminus T^{-1}(B'), \tag{8}$$

$$T^{-1}\left(\bigcup_{n=0}^{\infty} B_n\right) = \bigcup_{n=0}^{\infty} T^{-1}(B_n), \tag{9}$$

die man direkt oder aber auch mit (3) beweisen kann.

Es sei nun in X ein σ-Ring $\mathfrak{A}$ vorgegeben. Da er das System der $\mathfrak{A}$-meßbaren Funktionen festlegt, bezeichnet man das geordnete Paar $(X, \mathfrak{A})$ auch als einen *Meßraum*. Wir wollen nun untersuchen, ob eine Transformation T von X in Y mit zwei Meßräumen $(X, \mathfrak{A})$, $(Y, \mathfrak{B})$ in einem wohlbestimmten Sinn verträglich ist.

Definition 1: Es seien $(X, \mathfrak{A})$, $(Y, \mathfrak{B})$ Meßräume. Eine Transformation T von X in Y heißt $\mathfrak{A}$-$\mathfrak{B}$-meßbar, wenn $T^{-1}(B)$ für alle Mengen $B \in \mathfrak{B}$ in der σ-Algebra $\mathfrak{A}$ liegt.

Hiernach ist T genau dann $\mathfrak{A}$-$\mathfrak{B}$-meßbar, wenn

$$T^{-1}(\mathfrak{B}) \subseteq \mathfrak{A} \tag{10}$$

ist. Äquivalent hiermit ist auch die Aussage

$$\mathfrak{B} \subseteq T^{*}(\mathfrak{A}). \tag{11}$$

Die obige Definition weist eine interessante Analogie zum Begriff der Stetigkeit auf. Eine Transformation T von einem topologischen Raum $(X, \mathfrak{G})$ in einen topologischen Raum $(Y, \mathfrak{G}')$, wobei $\mathfrak{G}, \mathfrak{G}'$ die Systeme der offenen Mengen des Raumes sind, ist bekanntlich stetig genau dann, wenn es zu jeder Umgebung $G' \in \mathfrak{G}'$ eines Punktes $y = T(x) \in Y$ eine Umgebung $G \in \mathfrak{G}$ des Punktes x gibt, die durch T in G' abgebildet wird. Dies ist genau dann der Fall, wenn das volle Urbild $T^{-1}(G')$ einer jeden Menge $G' \in \mathfrak{G}'$ offen ist. Ersetzen wir hierbei die Systeme der offenen Mengen durch die σ-Algebren

$\mathfrak{A}$, $\mathfrak{B}$, so liefert die analoge Definition gerade den Begriff der $\mathfrak{A}$-$\mathfrak{B}$-Meßbarkeit. Die Bedeutung dieses Begriffs erkennt man auch aus

Satz 2: *Eine Transformation T ist genau dann $\mathfrak{A}$-$\mathfrak{B}$-meßbar, wenn die Funktion $f := g \circ T$ für alle $\mathfrak{B}$-meßbaren Funktionen g $\mathfrak{A}$-meßbar ist.*

Beweis: Es sei $g \circ T$ stets $\mathfrak{A}$-meßbar, wenn g $\mathfrak{B}$-meßbar ist. Für $B \in \mathfrak{B}$ ist dann $\chi_{T^{-1}(B)} = \chi_B \circ T$ $\mathfrak{A}$-meßbar, d. h., es ist $T^{-1}(B) \in \mathfrak{A}$.

Für alle $B \in \mathfrak{B}$ sei umgekehrt $T^{-1}(B) \in \mathfrak{A}$, also $\chi_B \circ T = \chi_{T^{-1}(B)}$ $\mathfrak{A}$-meßbar. Wegen

$$(\lambda_1\varphi_1 + \lambda_2\varphi_2) \circ T = \lambda_1(\varphi_1 \circ T) + \lambda_2(\varphi_2 \circ T)$$

ist $s \circ T$ für alle Treppenfunktionen s über $\mathfrak{B}$ $\mathfrak{A}$-meßbar. Zu jeder $\mathfrak{B}$-meßbaren Funktion g gibt es Treppenfunktionen s_n über $\mathfrak{B}$ mit $s_n \to g$, und wegen $s_n \circ T \to g \circ T$ ist $g \circ T$ $\mathfrak{A}$-meßbar. Damit ist Satz 2 bewiesen.

Satz 3: *Es seien $(X, \mathfrak{A})$, $(Y, \mathfrak{B})$ Meßräume, und T eine Transformation von X in Y. Wird der σ-Ring $\mathfrak{B}$ vom Mengensystem $\mathfrak{S}$ erzeugt und ist $T^{-1}(S) \in \mathfrak{A}$ für alle $S \in \mathfrak{S}$, so ist T $\mathfrak{A}$-$\mathfrak{B}$-meßbar.*

Beweis: Nach (5) ist $\mathfrak{S}$ im σ-Ring $T^*(\mathfrak{A})$ enthalten, und es folgt $\mathfrak{B} = r_\sigma(\mathfrak{S}) \subseteq T^*(\mathfrak{A})$. Für alle $B \in \mathfrak{B}$ ist somit $T^{-1}(B) \in \mathfrak{A}$, und T ist $\mathfrak{A}$-$\mathfrak{B}$-meßbar.

Wir stellen jetzt einen Zusammenhang zwischen dem früher definierten Begriff der $\mathfrak{A}$-Meßbarkeit und der $\mathfrak{A}$-$\mathfrak{B}$-Meßbarkeit her, wobei wir uns auf σ-Algebren beschränken.

Satz 4: *Es sei $\mathfrak{A}$ eine σ-Algebra in X. Eine Funktion $f: X \to R^a$ ist $\mathfrak{A}$-meßbar genau dann, wenn sie $\mathfrak{A}$-$\mathfrak{B}(R^a)$-meßbar ist.*

Beweis: Für alle $a \in \boldsymbol{R}$ ist $(a, \infty] \in \mathfrak{B}(\boldsymbol{R}^a)$ und $\{f > a\} = \{x : f(x) > a\} = \{x : f(x) \in (a, \infty]\} = f^{-1}\big((a, \infty]\big)$. Ist f $\mathfrak{A}$-meßbar, so ist stets $f^{-1}\big((a, \infty]\big) \in \mathfrak{A}$, und da $\mathfrak{B}(\boldsymbol{R}^a)$ von den Intervallen $(a, \infty]$ erzeugt wird, ist f $\mathfrak{A}$-$\mathfrak{B}(\boldsymbol{R}^a)$ meßbar nach Satz 3.

Ist f umgekehrt $\mathfrak{A}$-$\mathfrak{B}(\boldsymbol{R}^a)$-meßbar, so ist stets $\{f > a\} = f^{-1}((a, \infty]) \in \mathfrak{A}$, und f ist $\mathfrak{A}$-meßbar.

Wir gehen nun von Meßräumen zu Maßräumen über und wollen einen Maßraum mit Hilfe einer Transformation „verpflanzen".

Satz 5: *Ist $(X, \mathfrak{A}, \mu)$ ein Maßraum und T eine Transformation von X in Y, so wird durch*

$$\mu \circ T^{-1}(B) := \mu(T^{-1}(B)) \qquad (B \in T^*(\mathfrak{A})) \tag{10}$$

ein Maß $\mu \circ T^{-1}$ auf der σ-Algebra $T^*(\mathfrak{A})$ der Mengen B mit $T^{-1}(B) \in \mathfrak{A}$ definiert.

Beweis: Mit B_n sind auch die Mengen $T^{-1}(B_n)$ parweise disjunkt, und die Behauptung folgt aus

$$\mu\left(T^{-1}\left(\bigcup_{n=0}^{\infty} B_n\right)\right) = \mu\left(\bigcup_{n=0}^{\infty} T^{-1}(B_n)\right) = \sum_{n=0}^{\infty} \mu(T^{-1}(B_n)).$$

Speziell kann unser Satz angewendet werden, wenn in Y ein σ-Ring $\mathfrak{B}$ vorgegeben ist und die Transformation T $\mathfrak{A}$-$\mathfrak{B}$-meßbar ist. Dann gilt nämlich $\mathfrak{B} \subseteq T^*(\mathfrak{A})$, und die Einschränkung von $\mu \circ T^{-1}$ auf $\mathfrak{B}$ liefert ein Maß auf $\mathfrak{B}$.

Das Maß $\mu \circ T^{-1}$ ist offensichtlich genau dann σ-endlich, wenn dies für μ zutrifft. In diesem Fall erzeugen beide Maße ein L-Integral, und hierfür gilt

Satz 6: *Ist $(X, \mathfrak{A}, \mu)$ ein σ-endlicher Maßraum, ist T eine Transformation von X in Y und $\nu := \mu \circ T^{-1}$, so gilt*

$$\int_C g(y)\,\mathrm{d}\nu(y) = \int_{T^{-1}(C)} g(T(x))\,\mathrm{d}\mu(x) \tag{11}$$

für jede nichtnegative $T^*(\mathfrak{A})$-meßbare Funktion g und alle Integrationsbereiche C bezüglich $L(\nu)$.

Beweis: Für $B \in T^*(\mathfrak{A})$ ist

$$\int \chi_B\,\mathrm{d}\nu = \nu(B) = \mu(T^{-1}(B)) = \int \chi_{T^{-1}(B)}\,\mathrm{d}\mu = \int \chi_B \circ T\,\mathrm{d}\mu,$$

und die Behauptung ist für $C = Y$, $g = \chi_B$ erfüllt. Sie gilt dann auch für jede nichtnegative Treppenfunktion über $T^*(\mathfrak{B})$. Da zu jeder $T^*(\mathfrak{A})$-meßbaren Funktion $g \geqq 0$ Treppenfunktionen $s_n \geqq 0$ über $T^*(\mathfrak{A})$ mit $s_n \uparrow g$ existieren, haben wir

$$\int g \, \mathrm{d}\nu = \lim_{n\to\infty} \int s_n \, \mathrm{d}\nu = \lim_{n\to\infty} \int s_n \circ T \, \mathrm{d}\mu = \int g \circ T \, \mathrm{d}\mu.$$

Ersetzen wir noch g durch $g\chi_C$, so gilt $(g\chi_C) \circ T = (g \circ T) \cdot (\chi_C \circ T)$, also

$$\int_C g \, \mathrm{d}\nu = \int g\chi_C \, \mathrm{d}\nu = \int (g \circ T) \, (\chi_{T^{-1}(C)}) \, \mathrm{d}\mu = \int_{T^{-1}(C)} g \circ T \, \mathrm{d}\mu,$$

und dies ist die Behauptung.

Wir spezialisieren jetzt unsere Betrachtungen, indem wir für T eine Transformation f von X in $\boldsymbol{R}$ wählen.

Satz 7: *Es sei $(X, \mathfrak{A}, \mu)$ ein Maßraum mit $\mu(X) < \infty$. Zu jeder μ-integrierbaren Funktion f gibt es eine Verteilungsfunktion $G = G_f$ mit*

$$G(b) - G(a) = \mu(\{a \leqq f < b\}) \qquad (a \leqq b), \tag{12}$$

und es ist

$$\int f \, \mathrm{d}\mu = \int_{-\infty}^{\infty} t \, \mathrm{d}G(t). \tag{13}$$

Beweis: Es sei $\nu := \mu \circ f^{-1}$. Wegen

$$\nu\big([a, b)\big) = \mu(\{x : f(x) \in [a, b)\}) = \mu(\{a \leqq f < b\})$$

ist ν ein Radonsches Maß, das eine Verteilungsfunktion G besitzt. Ist $j(t) = t$ für alle $t \in \boldsymbol{R}$, so haben wir

$$\int f(x) \, \mathrm{d}\mu(x) = \int j\big(f(x)\big) \, \mathrm{d}\mu(x) = \int j(t) \, \mathrm{d}\nu(t) = \int_{-\infty}^{\infty} t \, \mathrm{d}G(t),$$

und Satz 7 ist bewiesen.

Wir nennen G_f die Verteilungsfunktion der μ-integrierbaren Funktion f.

Eine weitere wichtige Anwendung der Transformationsformel betrifft die Einführung krummliniger Koordinaten im $\boldsymbol{R}^n$. Als Beispiel betrachten wir ebene Polarkoordinaten

$$x = r\cos\varphi, \qquad y = r\sin\varphi.$$

Wir können sie als eine Transformation T auffassen, die Punkte $(r, \varphi) \in \boldsymbol{R}^2$ in Punkte $(x, y) \in \boldsymbol{R}^2$ überführt. Das Gebiet

$$G' := \{(r, \varphi) \in \boldsymbol{R}^2 : r > 0, -\pi < \varphi < \pi\}$$

wird durch diese Transformation umkehrbar eindeutig auf das Gebiet

$$G := \boldsymbol{R}^2 \setminus \{(x, y) : x \leqq 0, y = 0\}$$

abgebildet. In diesem Gebiet ist die *Funktionaldeterminante*

$$\frac{\partial(x, y)}{\partial(r, \varphi)} := \begin{vmatrix} \dfrac{\partial x}{\partial r} & \dfrac{\partial y}{\partial r} \\ \dfrac{\partial x}{\partial \varphi} & \dfrac{\partial y}{\partial \varphi} \end{vmatrix} = r$$

der Transformation positiv.

Allgemeiner sei eine umkehrbar eindeutige Transformation T von einem Gebiet $G' \subseteq \boldsymbol{R}^n$ auf ein Gebiet $G \subseteq \boldsymbol{R}^n$ durch n stetig differenzierbare Funktionen

$$x_i = x_i(u_1, \ldots, u_n) \qquad \big((u_1, \ldots, u_n) \in G'\big)$$

gegeben, und die Funktionaldeterminante

$$\det T := \begin{vmatrix} \dfrac{\partial x_1}{\partial u_1} & \cdots & \dfrac{\partial x_n}{\partial u_1} \\ \dfrac{\partial x_1}{\partial u_n} & \cdots & \dfrac{\partial x_n}{\partial u_n} \end{vmatrix}$$

der Transformation sei in G' überall positiv. Dann gilt

Satz 8: *Für jedes kompakte Intervall $I \subset G'$ ist*

$$m(T(I)) = \int_I \det T(u)\, du. \tag{14}$$

Der allgemeine Beweis dieses tiefliegenden Satzes der Analysis kann hier nicht geführt werden. In einfachen Fällen, z. B. für ebene oder räumliche Polarkoordinaten oder für Zylinderkoordinaten ist ein direkter Beweis möglich und nicht allzu kompliziert. Unter Verwendung von Satz 8 gelingt die Herleitung der berühmten *Transformationsformel für mehrdimensionale Integrale.*

Satz 9: *Für alle* Borel*-meßbaren nichtnegativen Funktionen f und alle* Borel*-meßbaren Mengen $A \subseteq G$ gilt*

$$\int_A f(x)\, dx = \int_{T^{-1}(A)} f(T(u)) \det T(u)\, du. \tag{15}$$

Beweis: Zunächst kann aus (14) gefolgert werden, daß diese Formel auch für halboffene Intervalle gilt. Ist $\tilde{T}$ die Umkehrabbildung von T, so besagt dies, daß die Maße $m \circ T = m \circ \tilde{T}^{-1}$ und $(\det T)\, m$ auf dem von diesen Intervallen gebildeten Semi-Ring, damit aber auch auf allen Borelschen Mengen $A' \subseteq G'$ übereinstimmen. Es seien f, A Borel-meßbar. Wir setzen $h := f \circ T$, $A' := T^{-1}(A)$ und $\nu := m \circ \tilde{T}^{-1} = (\det T)\, m$. Nach Satz 6 ist

$$\int_{A'} h\, d\nu = \int_{\tilde{T}^{-1}(A')} h \circ \tilde{T}\, dm = \int_A f(x)\, dx.$$

Nach 7.1., Satz 2, ist andererseits

$$\int_{A'} h\, d\nu = \int_{A'} h \det T\, dm = \int_{T^{-1}(A)} f(T(u)) \det T(u)\, du,$$

und hieraus folgt die Behauptung.

Der Satz gilt übrigens auch, wenn „Borel-meßbar" durch „Lebesgue-meßbar" ersetzt wird.

7.3. Signierte Maße

Zum Beweis des angekündigten Satzes von RADON-NIKODYM müssen wir etwas näher auf σ-additive Mengenfunktionen eingehen, deren Werte in $\boldsymbol{R}^a$ liegen. Solche Funktionen sind gelegentlich schon aufgetreten. Existiert z. B. das Integral einer meßbaren Funktion f, so wird auf Grund von 2.4., Satz 9, durch

$$\alpha(A) := \int_A f(x)\,\mathrm{d}x \tag{1}$$

eine σ-additive Mengenfunktion auf der σ-Algebra der Integrationsbereiche definiert, die positive und negative Werte, aber höchstens einen der Werte $\pm\infty$ annehmen kann.

Im folgenden sei $\mathfrak{A}$ eine feste σ-Algebra in X.

Definition 1: Eine σ-additive Mengenfunktion $\alpha: \mathfrak{A} \to \boldsymbol{R}^a$ mit $\alpha(\emptyset) = 0$ heißt ein *signiertes Maß* oder eine *Ladungsverteilung* auf $\mathfrak{A}$.

Die letztere Bezeichnung gründet sich auf Anwendungen in der Elektrodynamik. So ist z. B. die Funktion α, die jeder BORELschen Mengen eines beschränkten Gebietes die in ihr enthaltene elektrische Ladung zuordnet, ein signiertes Maß.

Definition 2: Ein geordnetes Paar (Y, Z) von disjunkten Mengen $Y, Z \in \mathfrak{A}$ mit $Y \cup Z = X$ heißt eine HAHN*sche Zerlegung* von X bezüglich α, wenn stets

$$\alpha(A \cap Y) \geqq 0, \quad \alpha(A \cap Z) \leqq 0 \quad (A \in \mathfrak{A}) \tag{2}$$

ist.

Wir betrachten das Beispiel (1). Mit $Y := \{f \geqq 0\}$, $Z := \{f < 0\}$ gilt offensichtlich (2), und (Y, Z) ist eine HAHNsche Zerlegung. Unser Ziel besteht in dem Nachweis, daß jedes signierte Maß eine HAHNsche Zerlegung besitzt. Hierzu bedarf es einiger Vorbereitungen.

Mit M bzw. M^+ bzw. M^- bezeichnen wir die Menge aller signierten Maße α auf $\mathfrak{A}$, für die $|\alpha(X)| < \infty$ bzw. $\alpha(X) = \infty$ bzw. $\alpha(X) = -\infty$ ist. Aus $B \subseteq A$ folgt $\alpha(A) = \alpha(B) + \alpha(A \setminus B)$, und folglich ist $\alpha(B) > -\infty$ für $\alpha(A) > -\infty$ und $\alpha(B) < \infty$ für $\alpha(A) < \infty$. Alle signierten Maße $\alpha \in M$ sind hiernach endlich, und ein signiertes Maß $\alpha \in M^+$ bzw. $\alpha \in M^-$ nimmt nicht den Wert $-\infty$ bzw. ∞ an.

Für alle signierten Maße α auf $\mathfrak{A}$ wird durch

$$t\alpha : A \mapsto t\alpha(A) \qquad (A \in \mathfrak{A}, t \in \boldsymbol{R}) \tag{3}$$

wieder ein signiertes Maß definiert. Abgesehen von dem Fall $\alpha \in M^-$, $\beta \in M^+$ oder umgekehrt ist auch $\alpha + \beta$ mit

$$\alpha + \beta : A \mapsto \alpha(A) + \beta(A) \qquad (A \in \mathfrak{A}) \tag{4}$$

ein signiertes Maß. Ferner sei $\alpha \leqq \beta$ genau dann, wenn $\alpha(A) \leqq \beta(A)$ für alle $A \in \mathfrak{A}$ ist.

Für jedes signierte Maß α setzen wir

$$\alpha^+(A) := \sup \{\alpha(B) : B \in \mathfrak{A}, B \subseteq A\} \qquad (A \in \mathfrak{A}), \tag{5}$$

$$\alpha^-(A) := \sup \{-\alpha(B) : B \in \mathfrak{A}, B \subseteq A\} \quad (A \in \mathfrak{A}). \tag{6}$$

Die Mengenfunktionen α^+, α^- sind wegen $\emptyset \in \mathfrak{A}$ und $\alpha(\emptyset) = 0$ positiv. Außerdem sind sie isoton. Die weiteren Untersuchungen werden ergeben, daß sie sogar Maße sind.

Satz 1: *Zu jedem signierten Maß gibt es eine* HAHN*sche Zerlegung.*

Beweis: Wir können $\alpha \in M^+$, also $\alpha(A) > -\infty$ für alle $A \in \mathfrak{A}$ voraussetzen. Es sei $\mathfrak{A}^- := \{A \in \mathfrak{A} : \alpha^+(A) = 0\}$. Für alle $A \in \mathfrak{A}^-$ ist $\alpha(A) \leqq 0$ und $a := \inf \{\alpha(A) : A \in \mathfrak{A}^-\} \leqq 0$. Es gibt eine Folge von Mengen $Z_n \in \mathfrak{A}^-$ mit $\alpha(Z_n) \downarrow a$. Es sei $Z_0' := Z_0$, $Z'_{n+1} := Z_{n+1} \setminus Z_0 \cup \cdots \cup Z_n$ und

$$Z := \bigcup_{n=0}^{\infty} Z_n = \bigcup_{n=0}^{\infty} Z_n', \qquad Y := X \setminus Z.$$

Für alle $A \in \mathfrak{A}$ ist

$$\alpha(A \cap Z) = \alpha\left(\bigcup_{n=0}^{\infty} A \cap Z_n'\right) = \sum_{n=0}^{\infty} \alpha(A \cap Z_n') \leqq \sum_{n=0}^{\infty} \alpha^+(Z_n) = 0,$$

denn die Mengen $A \cap Z_n'$ sind paarweise disjunkt. Zum Beweis, daß (Y, Z) eine HAHNsche Zerlegung ist, brauchen wir nur noch zu zeigen, daß stets $\alpha(A \cap Y) \geqq 0$ oder, was gleichbedeutend ist, daß das Mengensystem

$$\mathfrak{N} := \{A \in \mathfrak{A} : A \subseteq Y, \alpha(A) < 0\}$$

leer ist. Nehmen wir an, es sei $\mathfrak{N} \neq \emptyset$. Wegen $Z \setminus Z_n \subseteq Z$ ist

$$\alpha(Z) = \alpha(Z \setminus Z_n) + \alpha(Z_n) \leqq \alpha(Z_n),$$

und da $\alpha(Z_n) \downarrow a$ gilt, haben wir $a \geqq \alpha(Z) > -\infty$. Aus $A \in \mathfrak{N}$ folgt

$$a \geqq \alpha(Z) > \alpha(A) + \alpha(Z) = \alpha(A \cup Z),$$

und nach Definition von a liegt $A \cup Z$ nicht in $\mathfrak{A}^-$, d. h., es ist $\alpha^+(A \cup Z) > 0$. Es gibt also ein $B \subseteq A \cup Z$ mit $0 < \alpha(B) = \alpha(B \cap A) + \alpha(B \cap Z) \leqq \alpha(B \cap A)$. Somit ist $\alpha^+(A) > 0$ für alle $A \in \mathfrak{N}$. Wir konstruieren nun induktiv eine Folge von Mengen $A_n \in \mathfrak{N}$ mit $A_0 \supseteq A_1 \supseteq \cdots$ wie folgt. Wir wählen $A_0 \in \mathfrak{N}$ beliebig. Ist $A_0, \ldots, A_n$ schon konstruiert, so bestimmen wir $B_n \subseteq A_n$ mit

$$\alpha(B_n) \geqq \begin{cases} 1 & \text{für } \alpha^+(A_n) = \infty \\ \dfrac{\alpha^+(A_n)}{2} & \text{für } \alpha^+(A_n) < \infty \end{cases} \tag{7}$$

und setzen $A_{n+1} := A_n \setminus B_n$. Der Durchschnitt aller

A_n sei A. Die Menge A_0 ist die disjunkte Vereinigung von A und den Mengen $B_n = A_n \setminus A_{n+1}$ und folglich ist

$$0 > \alpha(A_0) = \alpha(A) + \sum_{n=0}^{\infty} \alpha(B_n) \geqq \alpha(A) > -\infty. \quad (8)$$

Somit ist $A \in \mathfrak{N}$, also $0 < \alpha^+(A) \leqq \alpha^+(A_n)$. Aus (8) folgt andererseits, daß die Reihe mit den Gliedern $\alpha(B_n)$ konvergent ist. Somit gilt $\alpha(B_n) \to 0$, aus (7) folgt auch $\alpha^+(A_n) \to 0$, was im Widerspruch zu $\alpha^+(A) \leqq \alpha^+(A_n)$ steht.

Satz 2: *Für jede* HAHN*sche Zerlegung* (Y, Z) *ist*

$$\alpha^+(A) = \alpha(A \cap Y), \alpha^-(A) = -\alpha(A \cap Z) \qquad (A \in \mathfrak{A}), \quad (9)$$

und folglich sind α^+, α^- *Maße auf* $\mathfrak{A}$ *mit*

$$\alpha = \alpha^+ - \alpha^-. \quad (10)$$

Beweis: Für alle $B \subseteq A$ mit $B \in \mathfrak{A}$ ist

$$\alpha(B) = \alpha(B \cap Y) + \alpha(B \cap Z) \leqq \alpha(B \cap Y) \leqq \alpha(A \cap Y),$$

also $\alpha^+(A) \leqq \alpha(A \cap Y)$. Andererseits ist $A \cap Y \subseteq A$ und $\alpha(A \cap Y) \leqq \alpha^+(A)$. Ebenso verläuft der Beweis für α^-. Die Behauptung (9) folgt nun aus

$$\alpha(A) = \alpha(A \cap Y) + \alpha(A \cap Z) = \alpha^+(A) - \alpha^-(A).$$

Die Darstellung (10) heißt die JORDAN*sche Zerlegung* des signierten Maßes α. Sie ist durch α eindeutig bestimmt. Demgegenüber ist eine HAHNsche Zerlegung (Y, Z) insofern mit Willkür behaftet, als Mengen A mit $\alpha^+(A) = \alpha^-(A) = 0$ wahlweise zu Y oder Z hinzugenommen werden können.

Mindestens eines der Maße α^+, α^- ist endlich, und mit α sind auch diese beiden Maße endlich. Für jedes signierte Maß α setzen wir noch

$$|\alpha| := \alpha^+ + \alpha^-, \quad (11)$$

beachten aber, daß im allgemeinen $|\alpha|(A) = \alpha^+(A) + \alpha^-(A)$ von $|\alpha(A)| = |\alpha^+(A) - \alpha^-(A)|$ verschieden ist. Die Menge aller endlichen signierten Maße bildet auf Grund dieser Definitionen einen Vektorverband.

Das signierte Maß α heißt *σ-endlich*, wenn α^+ und α^- σ-endlich sind. Bezüglich σ-endlicher signierter Maße kann durch

$$\int f \, \mathrm{d}\alpha := \int f \, \mathrm{d}\alpha^+ - \int f \, \mathrm{d}\alpha^- \tag{12}$$

ein Integral definiert werden, wobei nur vorauszusetzen ist, daß die rechte Seite existiert. In diesem Falle ist auch

$$f\alpha : A \mapsto \int_A f \, \mathrm{d}\alpha \qquad (A \in \mathfrak{A}) \tag{13}$$

ein signiertes Maß auf $\mathfrak{A}$. Durch Zerlegung in positiven und negativen Teil beweist man wiederum

$$\int_A (fg) \, \mathrm{d}\alpha = \int_A f \mathrm{d}(g\alpha), \tag{14}$$

falls eines dieser Integrale existiert.

Definition 3': Eine Menge $T \in \mathfrak{A}$ heißt eine *Trägermenge* eines signierten Maßes α, wenn $\alpha(A \setminus T) = 0$ für alle $A \in \mathfrak{A}$ ist.

Ist z. B. (Y, Z) eine HAHNsche Zerlegung von α, so ist wegen (9) stets

$$\alpha^+(A \setminus Y) = \alpha(\emptyset) = -\alpha^-(A \setminus Z),$$

und Y bzw. Z ist eine Trägermenge von α^+ bzw. α^-. Die Maße α^+ und α^- besitzen also disjunkte Trägermengen.

7.4. Der Satz von Radon-Nikodym

In diesem Abschnitt sei μ wieder ein σ-endliches Maß auf einer σ-Algebra.

Definition 1: Ein (signiertes) Maß λ auf $\mathfrak{A}$ heißt *singulär* bezüglich μ, wenn λ eine Trägermenge Z mit $\mu(Z) = 0$ besitzt.

So ist z. B. jedes diskrete Maß auf der Borelschen σ-Algebra $\mathfrak{B}(\boldsymbol{R}^n)$ singulär bez. des BORELschen Maßes, denn es besitzt eine abzählbare Trägermenge.

Sind λ_n singuläre Maße, so ist auch

$$\lambda := \sum_{n=0}^{\infty} \lambda_n$$

ein singuläres Maß. Daß λ ein Maß ist, folgt aus dem Umordnungssatz für Doppelreihen mit nichtnegativen Gliedern. Die Singularität ergibt sich daraus, daß die Vereinigung der abzählbar vielen Trägermengen Z_n mit $\mu(Z_n) = 0$ eine Trägermenge von λ ist.

Satz 1: *Zu jedem σ-endlichen Maß ν auf $\mathfrak{A}$ gibt es (bis auf Mengen vom μ-Maße Null) genau eine Dichtefunktion f und genau ein singuläres Maß λ mit*

$$\nu = f\mu + \lambda. \tag{1}$$

Beweis: Zum Beweis der Einzigkeit sei $\nu = f_1\mu + \lambda_1 = f_2\mu + \lambda_2$, wobei λ_1, λ_2 singulär sind. Ist Z_i eine Trägermenge von λ_i mit $\mu(Z_i) = 0$ und $Z := Z_1 \cup Z_2$, so ist $0 = \mu(Z) = f\mu(Z)$, und für alle $A \in \mathfrak{A}$ ist

$$\nu(A \cap Z) = f_i\mu(A \cap Z) + \lambda_i(A \cap Z) = \lambda_i(A),$$

$$\nu(A \setminus Z) = f_i\mu(A \setminus Z) + \lambda_i(A \setminus Z) = f_i\mu(A).$$

Damit ist die Einzigkeit bewiesen.

Den Existenzbeweis führen wir in drei Schritten. Im ersten Schritt sei ν ein endliches Maß, und $\mathcal{F}$ sei die Menge aller Dichtefunktionen $g \geqq 0$ mit $g\mu \leqq \nu$. Wir konstruieren ein „maximales" Element von $\mathcal{F}$, d. h., ein Element $f \in \mathcal{F}$ mit $g\mu \leqq f\mu$ für alle $g \in \mathcal{F}$. Wegen $0 \in \mathcal{F}$ ist $\mathcal{F}$ nicht leer. Für alle $f, g \in \mathcal{F}$ und $A \in \mathfrak{A}$ gilt, wenn wir $B: = \{f \leqq g\}$ setzen,

$$\begin{aligned}\int_A f \cup g \, d\mu &= \int_{A \cap B} f \cup g \, d\mu + \int_{A \setminus B} f \cup g \, d\mu \\ &= \int_{A \cap B} g \, d\mu + \int_{A \setminus B} f \, d\mu \\ &\leqq \nu(A \cap B) + \nu(A \setminus B) = \nu(A)\end{aligned}$$

d. h., es ist $f \cup g \in \mathcal{F}$. Aus $f_n \in \mathcal{F}$ und $f_n \uparrow f$ folgt

$$\int_A f \, d\mu = \lim_{n \to \infty} \int_A f_n \, d\mu \leqq \nu(A),$$

also auch $f \in \mathcal{F}$. Zu

$$K: = \sup_{f \in \mathcal{F}} \int f \, d\mu$$

wählen wir eine Folge $f_n \in \mathcal{F}$ mit $\int f_n \, d\mu \uparrow K$ und setzen $g_n: = f_0 \cup \cdots \cup f_n$. Es gelte $g_n \uparrow f$. Dann ist $f \in \mathcal{F}$ und

$$K \geqq \int f \, d\mu \geqq \int f_n \, d\mu.$$

Für $n \to \infty$ erhalten wir $K = \int f \, d\mu \leqq \nu(X) < \infty$. Für alle $g \in \mathcal{F}$ und $A \in \mathfrak{A}$ ist

$$\begin{aligned}\int_A g \, d\mu + \int_{\bar{A}} f \, d\mu &\leqq \int_A f \cup g \, d\mu + \int_{\bar{A}} f \cup g \, d\mu = \int f \cup g \, d\mu \\ &\leqq K = \int f \, d\mu = \int_A f \, d\mu + \int_{\bar{A}} f \, d\mu,\end{aligned}$$

also $\int_A g \, d\mu \leqq \int_A f \, d\mu$, d. h., für alle $g \in \mathcal{F}$ ist $g\mu \leqq f\mu$, was wir im ersten Beweisschritt zeigen wollten.

Im zweiten Beweisschritt vollenden wir den Beweis für endliche Maße ν. Wegen $f\mu \leqq \nu$ und $\int f \, d\mu < \infty$ wird durch

$$\lambda: = \nu - f\mu \tag{2}$$

ein Maß definiert, von dem wir zeigen wollen, daß es singulär ist. Zu den signierten Maßen

$$\alpha_n := \frac{1}{n}\mu - \lambda = \left(f + \frac{1}{n}\right)\mu - \nu$$

konstruieren wir HAHNsche Zerlegungen (Y_n, Z_n). Für alle $A \in \mathfrak{A}$ ist

$$\begin{aligned}\int_A \left(f + \frac{1}{n}\chi_{Z_n}\right) d\mu &= \int_A f\, d\mu + \frac{1}{n}\mu(A \cap Z_n) \\ &= \int_A f\, d\mu + \lambda(A \cap Z_n) + \alpha_n(A \cap Z_n) \\ &\leqq \int_A f\, d\mu + \lambda(A) = \nu(A),\end{aligned}$$

und folglich ist $f + \frac{1}{n}\chi_{Z_n} \in \mathscr{F}$ Da f maximal ist, folgt

$$\int f\, d\mu \geqq \int \left(f + \frac{1}{n}\chi_{Z_n}\right) d\mu = \int f\, d\mu + \frac{1}{n}\mu(Z_n),$$

also $\mu(Z_n) = 0$. Mit

$$Z := \bigcup_{n=0}^{\infty} Z_n, \quad Y := X \setminus Z$$

gilt auch $\mu(Z) = 0$, und wir brauchen nur noch zu zeigen, daß Z eine Trägermenge von λ ist. Wegen $Y_n \supseteq Y$ ist stets

$$\alpha_n(A \cap Y) = \alpha_n(A \cap Y \cap Y_n) \geqq 0,$$

also

$$\frac{1}{n}\mu(A \cap Y) = \lambda(A \cap Y) + \alpha_n(A \cap Y) \geqq \lambda(A \cap Y) \geqq 0.$$

Im Falle $\mu(A) < \infty$ folgt $\lambda(A \cap Y) = 0$, und da μ σ-endlich ist, gilt auch $\lambda(A \cap Y) = 0$ für alle $A \in \mathfrak{A}$. Daher ist

Z eine Trägermenge von λ, und die Behauptung des Satzes gilt für endliche Maße ν.

Im letzten Beweisschritt übertragen wir unsere Ergebnisse auf den Fall σ-endlicher Maße ν. Wir wählen eine Zerlegung von X in paarweise disjunkte Teilmengen X_n mit $\nu(X_n) < \infty$, und konstruieren für die durch $\nu_n(A) := \nu(A \cap X_n)$ definierten endlichen Maße ν_n die Zerlegungen $\nu_n = f_n\mu + \lambda_n$. Wir setzen

$$f := \sum_{n=0}^{\infty} f_n, \quad \lambda := \sum_{n=0}^{\infty} \lambda_n.$$

Dann ist λ ein singuläres Maß und das Maß $f\mu$ ist σ-endlich. Wegen

$$\nu(A) = \sum_{n=0}^{\infty} \nu_n(A) = \sum_{n=0}^{\infty} \left(\int_A f_n \, d\mu + \lambda_n(A) \right) = \int_A f \, d\mu + \lambda(A)$$

ist der Satz auch für σ-endliche Maße bewiesen. Er kann leicht auf σ-endliche signierte Maße α übertragen werden. Wir wählen eine HAHNsche Zerlegung (Y, Z) und nehmen für α^+, α^- Zerlegungen der Form

$$\alpha^+ = f_1\mu + \lambda_1, \quad \alpha^- = f_2\mu + \lambda_2$$

vor, wobei wir $\{f_1 \neq 0\} \subseteq Y$, $\{f_2 \neq 0\} \subseteq Z$ voraussetzen können. Mit $f := f_1 - f_2$, $\lambda := \lambda_1 - \lambda_2$ erhalten wir dann wiederum die Darstellung $\alpha = f\mu + \lambda$, wobei das signierte Maß λ singulär ist.

Eine unmittelbare Folgerung aus Satz 1 ist der *Satz von* RADON-NIKODYM.

Satz 2: *Ein σ-endliches Maß ν besitzt eine Dichtefunktion bezüglich μ genau dann, wenn aus $\mu(A) = 0$ stets $\nu(A) = 0$ folgt.*

Beweis: Wir wählen f, λ und eine Trägermenge Z von λ mit $\mu(Z) = 0$ und $\nu = f\mu + \lambda$. Dann ist $\nu(Z) = \lambda(Z)$. Gilt die im Satz genannte Implikation, so ist $\lambda(Z) = 0$ und damit $\lambda = 0$, d. h., es ist $\nu = f\mu$. Die Umkehrung wurde bereits in 7.1. bewiesen. Zugleich ist damit gezeigt, daß die Existenz der Dichtefunktion mit der Absolut-Stetigkeit äquivalent ist.

Wir wenden dieses Ergebnis auf einen wichtigen Spezialfall an.

Definition 2: Eine Verteilungsfunktion G heißt *absolut-stetig* bzw. *singulär*, wenn das zugehörige RADONsche Maß absolut-stetig bzw. singulär bez. des BORELschen Maßes auf $\mathfrak{B}(\boldsymbol{R})$ ist.

Hiernach ist z. B. jede Sprungfunktion singulär, denn das zugehörige Maß besitzt eine abzählbare Trägermenge.

Satz 3: *Zu jeder absolut-stetigen Verteilungsfunktion G gibt es eine Dichtefunktion g bezüglich des* BOREL*schen Maßes mit*

$$\int_{-\infty}^{\infty} f(x)\,\mathrm{d}G(x) = \int_{-\infty}^{\infty} f(x)\,g(x)\,\mathrm{d}x \tag{3}$$

für alle nichtnegativen BOREL*-meßbaren Funktionen f. Speziell ist*

$$G(b) - G(a) = \int_a^b g(x)\,\mathrm{d}x \qquad (a \leqq b). \tag{4}$$

Beweis: Da $\nu = m_G$ absolut-stetig ist, gibt es eine Dichtefunktion g mit $\nu = gm$ und hieraus folgt

$$G(b) - G(a) = \nu\big([a, b)\big) = \int_a^b g(x)\,\mathrm{d}x.$$

Die Behauptung (3) ergibt sich aus 7.1., Satz 2.

Satz 4: *Jede Verteilungsfunktion G kann in der Form*

$$G = G_A + G_S + G_D$$

dargestellt werden, wobei G_A absolut-stetig, G_S stetig und singulär und G_D eine Sprungfunktion ist.

Beweis: Bereits in 6.5. hatten wir gezeigt, daß G als Summe einer stetigen Verteilungsfunktion G_0 und einer Sprungfunktion G_D dargestellt werden kann. Das zu G_0 gehörende RADONsche Maß ν_0 zerlegen wir in der Form

$$\nu_0 = gm + \lambda.$$

Da ν_0 und gm stetige RADONsche Maße sind, ist auch λ stetig. Die zu gm bzw. λ gehörenden Verteilungsfunktionen sind absolut-stetig bzw. singulär und stetig, und die Behauptung ist bewiesen.

Anmerkung 1. — Dies folgt aus 2.4., Satz 11. Vgl. auch den Beweis von 3.3., Satz 1.

Anmerkung 2. — Das heißt eine komplexwertige Funktion mit meßbarem Real- und Imaginärteil.

8. Literaturverzeichnis

[1] Bauer, H: Wahrscheinlichkeitstheorie und Grundzüge der Maßtheorie, W. de Gruyter, Berlin 1968.

[2] Carathéodory, C.: Vorlesungen über reelle Funktionen, Teubner, Leipzig—Berlin 1927.

[3] Dinculeanu, N.: Vector measures, VEB Deutscher Verlag der Wissenschaften, Berlin 1966.

[4] Grauert, H., und J. Lieb: Differential- und Integralrechnung, Bd. 1—3, Springer, Berlin/Heidelberg/New York 1968—70.

[5] Günther, P., K. Beyer, S. Gottwald und V. Wünsch: Grundkurs Analysis, Teil 3, B. G. Teubner, Leipzig 1973.

[6] Halmos, P. R.: Measure theory, Van Nostrand, Toronto 1954.

[7] v. Mangoldt/Knopp, F., und F. Lösch: Einführung in die Höhere Mathematik, IV. Band, Hirzel, Leipzig 1973.

[8] Natanson, I. P.: Theorie der Funktionen einer reellen Veränderlichen, 4. Aufl., Akademie-Verlag, Berlin 1975.

[9] Neumark, M. A.: Normierte Algebren, VEB Deutscher Verlag der Wissenschaften, Berlin 1959.

[10] Riesz, F., und B. Nagy: Vorlesungen über Funktionalanalysis, VEB Deutscher Verlag der Wissenschaften, Berlin, 2. Aufl., 1968.

[11] Saks, S.: Theory of the integral, Stackert, New York 1937.

[12] Schwartz, L.: Analyse Mathématique I—II, Hermann, Paris 1967.

[13] Semadeni, Z.: Banach spaces of continuons functions, PWN, Warszawa 1971.

[14] Vogel, W.: Wahrscheinlichkeitstheorie, Vandenhoeck & Ruprecht, Göttingen 1970.

[15] Шилов, О. Е., и Б. Л. Гуревич: Интеграл, мера и производная, Наука, Москва 1967.

Namen- und Sachverzeichnis

Der Autor

- **behandelt eingehend die Theorie des Lebesgueschen Integrals im n-dimensionalen Raum, soweit sie für die Elemente der Funktionalanalysis von Bedeutung sind**

- **entwickelt die Elemente der Theorie der Banach-Räume L^p und l^p**

- **leitet aus dem Integralbegriff den Maßbegriff ab und stellt die wichtigsten Hilfsmittel der Maßtheorie für die Anwendungen in der Wahrscheinlichkeitstheorie bereit**

- **wendet sich mit diesem Band an Studierende mit dem Haupt- oder Nebenfach Mathematik sowie der Physik und anderer Naturwissenschaften**

WISSENSCHAFTLICHE TASCHENBÜCHER

www.fsc.org
MIX
Papier | Fördert gute Waldnutzung
FSC® C083411

Zeitfracht Medien GmbH
Ferdinand-Jühlke-Straße 7
99095 Erfurt, Deutschland
produktsicherheit@kolibri360.de